Claude ROSSI

Le Trek des Chibanis

Une expédition inédite en Mauritanie autour de l'œil de l'Afrique

FSC
www.fsc.org
MIXTE
Papier issu
de sources
responsables
Paper from
responsible sources
FSC® C105338

Claude ROSSI

Le Trek des Chibanis

Une expédition inédite en Mauritanie autour de l'œil de l'Afrique

Mentions légales

© 2024 Claude ROSSI – Les Yeuvs trotters

Édition : BoD · Books on Demand, 31 avenue Saint-Rémy, 57600 Forbach, bod@bod.fr
Impression : Libri Plureos GmbH, Friedensallee 273, 22763 Hamburg (Allemagne)

Illustration : Claude ROSSI

ISBN : 978-2-3225-5701-1
Dépôt légal : Janvier 2025

J'ai eu de la chance de rencontrer le désert, ce filtre, ce révélateur. Il m'a façonné, appris l'existence. Il est beau, ne ment pas, il est propre. C'est pourquoi il faut l'aborder avec respect. Il est le sel de la terre et la démonstration de ce qu'ont pu être la naissance et la pureté de l'homme lorsque celui-ci fit ses premiers pas d'Homo erectus....

A tous les lecteurs, passionnés d'aventures et emprunts à la vie nomade dans le silence du désert.

Préface

Au cœur des déserts arides du Sahara, là où le silence est roi et où le vent façonne les paysages depuis des millénaires, se trouve un monde à la fois mystérieux et fascinant. C'est dans cet écrin de sable et de roches que s'inscrit le Trek des Chibani, un voyage hors du temps, une aventure humaine et géographique que j'ai eu la chance de vivre avec mes chers amis, Claude, Maryse, Francis, Jean-Pierre. Mon ami Mahmoud, organisateur de randonnées, passionné par son désert, a rendu cette traversée possible. Au départ de Ouadâne, nous avons exploré un territoire d'une diversité saisissante, aride, s'agissant d'un désert multiforme autour de l'Œil de l'Afrique, le Guelb Er-richaat, résultat d'un phénomène volcanique, vieux de 100 millions d'années (crétacé). Un territoire marqué par l'histoire coloniale où subsiste quelques vestiges de comme le fort d'El-Ghalouiya. Cette région a bien d'autres intérêts géologiques comme le canyon d'Armakou, culturel comme le village de Doueirat, lieu de confrontations anciennes entre tribus. Le final, comme une apothéose, la découverte de Chinguetti, une des quatre villes anciennes. Une perle culturelle dans un océan de sable !!!

À chaque étape, nous avons découvert un monde où chaque pierre, chaque vallée, chaque oasis porte l'empreinte des civilisations passées et des peuples qui ont su s'adapter à ce milieu extrême, forgeant une culture unique et profonde. Mais au-delà de la richesse géologique et préhistorique de ces lieux, c'est la rencontre avec les habitants de ces terres, leur accueil chaleureux et leur savoir-faire, qui a marqué nos cœurs. La randonnée n'a pas été seulement une exploration de la nature, mais aussi une exploration de l'âme humaine, une quête de partage, de solidarité et de découvertes mutuelles.

Claude, en rendant compte de cette aventure à travers son Journal de Voyage, nous invite à une immersion dans ces paysages grandioses, mais aussi dans les émotions et les réflexions qui ont jalonné son parcours. Avec ce texte, il nous livre une vision personnelle, authentique, d'un voyage vécu dans sa chair, entre contemplation et émerveillement, doutes et révélations. Le Trek des Chibanis est bien plus qu'un simple récit de randonnée, c'est un hommage à la beauté brute du désert, à la complicité des voyageurs, et à l'éternelle soif d'aventure qui nous pousse à dépasser nos limites, à nous reconnecter à l'essentiel, à la nature, aux autres, à soi-même.

Je vous invite à embarquer dans cette aventure à travers les mots de Claude et à partager avec nous les souvenirs gravés dans nos esprits à chaque pas, à chaque découverte.

Bon voyage à travers ces pages.

Jacques BAYSSET, dit Jacques CHIBANI
Instigateur et préparateur de ce trek, amoureux du désert

Avant-Propos

Le jour où j'ai réalisé que j'allais vivre un rêve, que j'allais le concrétiser, mon esprit n'a cessé d'explorer toutes les expériences que je pourrais y associer. Depuis ce moment, je ressens une immense excitation à l'idée de m'engager dans cette aventure, qui s'inscrit comme une nouvelle chronique de notre fascinante existence qu'est la vie. Pour ma part, l'idée de faire un trek de plusieurs semaines dans le désert mauritanien m'accompagne nuit et jour, me préparant à repousser des limites que je n'aurais jamais imaginé remettre en question jusqu'à présent.

Il est fréquent que l'on soit confronté à cette dynamique lorsqu'on s'initie à une nouvelle activité, qu'on s'engage dans un défi, fût-il sans risque ou même lorsqu'on doit faire face à des situations imprévues. Nous avons tellement intériorisé l'idée que nos vies sont façonnées par des biens matériels que nous en oublions l'essentiel : vivre pleinement l'instant présent. C'est cette prise de conscience qui, pour moi, éveille le besoin de prendre du recul face à cet événement. Pourtant, dans ce cas précis, l'idée de me lancer dans ces nouvelles expériences s'agite en moi avec une telle intensité que j'ai décidé de les recenser :

Vivre dix-huit jours en bivouac sous les étoiles,

Intégrer une caravane de nomades mauritaniens,

Partir dans le désert avec une équipe de cinq personnes, dont je ne connais qu'un seul membre,

Apprendre des techniques de respiration pour en comprendre l'impact sur moi, tant sur le plan physique que mental (développer une conscience accrue de ma respiration),

Gérer l'eau, un enjeu crucial pour l'hydratation et l'hygiène corporelle, me faisant questionner sur ce qui sera le plus difficile pour moi,

Éprouver ma relation avec Maryse : dix-huit jours dans des conditions inhabituelles, marqués par des moments parfois hostiles et exigeants,

Tester ma capacité à résister au changement, quel qu'il soit,

Abandonner les jugements a priori pour apprécier les instants présents, ces instantanés que la vie nous offre dans ce quotidien perturbé…

Il est probable que j'en oublie certaines, mais je les découvrirai au fur et à mesure qu'elles se présenteront à moi. Je suis curieux de voir les comportements que je développerai pour les appréhender. Quoi qu'il en soit, le désert, avec tous ses mystères, m'incite à adopter le mot d'ordre de cette expédition : « lâcher prise ». Comme l'a si bien écrit Marc-Aurèle : « Il n'arrive à personne rien qu'il ne soit naturellement à même de supporter. » Cette pensée me réconforte, si besoin était. Alors, en route pour cette aventure teintée de sable, pour cette expédition nomade à travers un territoire profondément ancré dans le cœur du Sahara. La promesse de rencontres inattendues et de paysages à couper le souffle m'accompagne, et je me sens prêt à découvrir ce monde inconnu avec ouverture d'esprit et sérénité.

Le 12 janvier 2024

Nous attendons, Maryse et moi, dans le hall du terminal 3 de l'aéroport Roissy-Charles-de-Gaulle, l'arrivée de Jacques et de ses amis. Jacques est à l'initiative de ce projet et a constitué l'équipe de 5 personnes dont il sait qu'elles sont aptes à le réaliser. C'est donc Maryse, Jacques, Francis, Jean-Pierre et moi qui formons cette bande de *Chibanis* (vieux sage en arabe), rapport à la couleur claire de nos cheveux qui en disent long sur notre vécu. Nous avons rencontré Jacques pour la première fois lors d'un stage d'exposition au froid extrême organisé dans les Pyrénées. (C'était bien la peine de s'immerger dans l'eau glacée pour se retrouver à arpenter le plateau désertique de l'Adrar.) À cette occasion, nous avions échangé autour de notre rêve d'un trek dans le désert. Il n'en fallait pas plus pour que cet adepte du sable chaud des dunes mauritaniennes nous concocte un circuit audacieux et novateur pour la région. Le tour du Guelb er Richât, cette étonnante structure formée d'anneaux, visible depuis l'espace, qui est aussi appelée l'Œil de l'Afrique, est située en plein Sahara mauritanien et sera, pendant 21 jours, notre terrain d'évolution.

Présentation faite des différents participants et après mise au point de certains détails du voyage, notamment la délivrance du visa à l'aéroport d'Atar, il est maintenant deux heures du matin. Nous sommes allongés sur un matelas gonflable dans le hall de l'aéroport. En voilà une expérience originale : vivre le paradoxe d'être étendu sur le sol dans un endroit où le rêve prend vie, alors que tout autour de moi règne l'opulence d'un confort inaccessible, car pas toujours bien coordonné. J'imagine que dans le désert ces réflexions sont futiles et inappropriées. D'ailleurs, leur donnerai-je l'occasion de m'envahir ? J'ai un autre challenge à relever, mais celui-là, je le prépare depuis que je sais que le projet est viable. C'est mon attachement, mon appétit pour la photo et la vidéo qu'il va falloir gérer sans réseau et avec des panneaux solaires, lesquels chargeront des batteries pour alimenter tous les appareils. À ce sujet, je me sens déjà bien seul, car capturer des images demande parfois une préparation, une mise en scène qui demandent du temps et des arrêts fréquents que n'ont pas forcément envisagés les chameliers.

Je m'endors pour quelques heures, serein et détendu, en continuant à rêver que tout ça devient réalité. Les bruits ambiants de l'aéroport s'estompent peu à peu, laissant place à un paysage onirique où les dunes dorées sont déjà présentes sous un ciel étoilé. Dans mes rêves, je sens la chaleur du soleil mauritanien et j'entends déjà le vent qui danse entre les grains de sable.

Lorsque je me réveille, la lumière du matin filtre à travers les baies vitrées du terminal, et je réalise que notre aventure est désormais à portée de main. Jacques, déjà debout, discute avec Francis et Jean-Pierre, tandis que Maryse dort encore paisiblement à mes côtés. Je tire un peu sur mon sac pour en sortir mon carnet de notes. J'aime prendre des notes sur mes pensées et mes sensations, et je suis impatient de commencer à documenter notre périple.

Une fois que tout le monde est réveillé et que nous avons partagé un café pour nous remettre d'aplomb, Jacques nous rappelle l'importance de rester groupés à l'aéroport d'Atar pour faciliter la procédure et réduire la durée d'obtention des visas.

Après avoir vérifié nos sacs et nos équipements, nous faisons un dernier tour sur le plan du voyage. Les visages sont animés, les sourires éclairent l'ambiance. Le groupe se prépare à se rendre à l'aéroport d'Atar, où nous attend Mahmoud pour nous conduire aux portes du désert.

Ce trek est avant tout une expérience de partage et de découverte.

Le 13 janvier 2024
PARIS - ATAR (Mauritanie) : ATAR - OUADANE

Il est 7h30 quand nous embarquons dans un Boeing 737-700 de
la compagnie ASL Airlines, affrété par Point Afrique, à destina-
tion d'Atar, la capitale de la région de l'Adrar située au cœur de la
Mauritanie. Elle abrite le plateau du même nom et constitue, avec
le Guelb er Richât, l'axe central de notre séjour. Arrivés à l'aéroport d'Atar, le dépaysement est total : chaleur, couleurs, odeurs,
accueil... tout paraît inhabituel. Même le circuit d'obtention du
visa est aussi spectaculaire qu'original pour des Européens débar-
quant, inexpérimentés, aux portes de l'Afrique.
L'accueil est très chaleureux. Après le change des euros en ouguiyas, la monnaie locale dont on ne retient pas le nom, nous rencontrons Mahmoud (prononcé Marmoud), qui sera notre hôte
pour l'organisation locale pendant les trois prochaines semaines.
À son contact, nous sommes tout de suite à l'aise. Ce Mauritanien
accueillant et jovial fait tout ce qu'il peut pour que nous soyons
dans les meilleures dispositions pour commencer notre séjour.
Cette gentillesse, associée à la simplicité du personnage, m'en-
chante. J'ai tout à coup l'impression que tout est sous contrôle,
alors que les images de la ville d'Atar, que l'on traverse en 4x4,
me renvoient cet écho de l'agitation permanente des villes
d'Afrique. Ceci étant, nous sommes samedi, et c'est jour de marché.
Cette ville bouillonnante est le passage obligé pour atteindre la
passe d'Amogjar pour qui veut se rendre à Chinguetti, Ouadane
ou sur le plateau de l'Adrar. Les rues sont bondées. Notre véhicule fait quelques haltes dans des endroits où l'on a du mal à imaginer qu'ils puissent abriter des photocopieurs. Et pourtant, c'est
là que Mahmoud imprime des copies de nos passeports pour les
présenter aux checkpoints que l'on rencontre à la sortie de la ville.
Bientôt, les premières pistes arrivent avec leurs lots de poussières,
de vibrations incessantes et de mouvements chaotiques. Et cela,
sur 180 km. Nous traversons un canyon sur une portion de route

bétonnée, car le dénivelé est très important. Ce morceau de piste recouverte de bitume nous indique l'ascension de la passe de Nonatil et permet de monter vers le sommet du plateau, qui sera notre premier arrêt. Je suis surpris par ses montagnes abruptes creusées par ces canyons très profonds. Le sable de la vallée et la roche se confondent pour former un panorama époustouflant, le

point de vue est très impressionnant. Mahmoud en profite pour nous souhaiter la bienvenue en Mauritanie. Nous reprenons la piste en forme de tôle ondulée pendant encore une heure avant de nous arrêter pour un pique-nique prévu à l'abri de la chaleur dans un tunnel creusé sous la route. C'est aussi là que nous aurons le privilège d'apprécier notre premier thé mauritanien alors que des véhicules passent au dessus de nos têtes. Finalement, nous mettons 4 heures pour rejoindre Ouadâne, cette cité caravanière classée au Patrimoine mondial de l'Unesco et qui sera le point de départ de notre aventure. Jacques, cet amoureux du désert, qui a étudié et tracé notre parcours sur plusieurs formats de carte, souhaite que l'on visite Ouadâne, qui signifie « cité des deux oueds ». Le rayonnement passé de cette ville, aujourd'hui atténué, transparaît à travers les ruines. Cette ancienne ville, accrochée au plateau de l'Adrar qui offre un sompteux spectacle au coucher de soleil, abritait des écoles coraniques, des mosquées et les célèbres bibliothèques, dont les manuscrits sont en moins bon état qu'à Chinguetti. Une promenade dans ces ruelles de pierres chargées d'histoire nous plonge directement dans ce monde où les conditions de vie nous paraissent précaires, surtout lorsque l'on arrive « fraîchement » d'Europe. Ce que je réalise comme étant un choc des cultures n'est autre qu'un dépaysement passager face à un mode de vie européen imprégné par la matière. Après cet intermède culturel, nous rejoignons l'auberge Vasque chez Zaïda où nous passerons notre première nuit mauritanienne que j'imagine être de transition entre la civilisation au sens de « présence humaine » et la solitude du désert. L'accueil y est plus que chaleureux et enthousiaste, à croire que notre caravane s'apprête à vivre des moments exceptionnels. Sans cela, comment expliquer un tel engouement autour de notre équipe ? À ce moment-là, je pense que notre expédition est assez peu commune, tant pour l'importance de la caravane que pour la distance de 430 km que nous allons parcourir pour rejoindre Chinguetti. Nous récupérons nos chambres, trions soigneusement nos bagages pour n'emporter que l'essentiel et laisser le superflu à Mahmoud qui nous le rendra à Chinguetti. Une dernière douche et c'est l'heure du repas, notre premier couscous mauritanien à base de viande de chameau, savouré sous la Khaïma (prononcé raïma), cette tente carrée traditionnelle utilisée par les nomades dans le désert. Adoptée depuis des siècles, la khaïma est solidement ancrée dans la culture nomade de la société mauritanienne. Elle est omniprésente dans le désert et, malgré sa conception rudimentaire, elle résiste aux nombreuses rafales de vent et protège les nomades de la chaleur et du sable tournoyant.

La nuit est calme et reposante dans cette auberge. Il n'en fallait pas moins pour que le voyage, la nuit à Roissy et la piste nous astreignent à du repos avant de devoir nous acclimater aux conditions du trek dans les jours à venir. Avant de m'endormir, je ne peux résister à cette impérieuse envie de tourner la tête vers les étoiles qui scintillent dans ce ciel inaltéré. Cette clarté appelle au rêve. J'imagine déjà les nuits prochaines à la belle étoile.

Le 14 janvier 2024 - 1er jour
De OUADANE à LIGDEM

Après un copieux petit-déjeuner à base de café, thé, crêpes et
Vache qui rit (je n'imaginais pas trouver un tel produit ici, surtout
transporté dans ces conditions potentiellement dégradables ; j'ai
immédiatement replongé, pour la première fois de ce voyage,
dans les méandres de mes souvenirs d'enfance), les trois chameliers, Dah, Mohamed Mahmoud et Mouhamed, assistés de notre
cuisinier/guide Haïba, chargent les sept dromadaires prévus pour
cette expédition. Le spectacle commence au moment d'attacher
tout le chargement sur les différents dromadaires (que les Mauritaniens appellent communément des chameaux), sachant que
nous partons en totale autonomie pour 18 jours. C'est un ingé-
nieux entrecroisement de cordes et de bouts de ficelle qui va permettre à nos chameliers de transporter plus de 75 kg de fruits et
légumes, 7 kg de thé, 10 kg de farine, 5 kg de pâtes, 7 kg de riz,
plus 120 œufs, quelques boîtes de conserve, une gazinière trois
feux, une bouteille de gaz, toute une batterie de cuisine, la khaïma,
des matelas de sol, nos cinq bagages, des bidons de 20 litres d'eau,

des outres en
tissu de 10
litres d'eau,
sans oublier
les bâts, ces
dispositifs
permettant
de charger
les cha-

meaux. Il faut environ 1h00 à 1h30 à trois pour que la caravane
soit prête et se mette enfin en marche. Une petite séance photo
devant l'auberge de Zaïda clôture ces préparatifs. Il est 9h30.
Nous commençons à marcher, et rapidement l'étendue de sable
est devant nous. Ça y est, pour moi, l'imaginaire s'estompe : il est
devenu ma réalité. Je ressens une grande joie à l'idée de pouvoir

vivre un tel périple. La première heure est menée tambour battant
à tel point que la caravane s'étire rapidement. Entre Haïba, habillé
en blanc et coiffé d'un chèche, qui cadence la marche devant, et
les chameliers qui avancent au rythme soutenu des chameaux,
nous avons du mal à nous situer. Nous décidons de rester groupés
près de la caravane pour prendre nos marques et nous habituer à
la nature du terrain. La cadence est surprenante. Malgré cette ap-
parente lenteur dans la démarche des dromadaires, les premières
dunes arrivent rapidement. Bien que le parcours soit assez plat, je
comprends très vite que marcher dans le sable sera une épreuve
pour nos articulations et notamment les genoux, qui vont être
plus ou moins sollicités en fonction de la stabilité du sable. Néanmoins, partir dans le désert à pied au rythme d'une caravane me
paraît être la meilleure alternative pour découvrir cet environnement parfois rigoureux. Cela devient une récompense d'autant
plus bénéfique lorsque l'effort de marcher apporte son lot de surprises improbables ou insolites. Le trek, c'est aussi une source de
stimulation : se sentir vivant et vivre des émotions souvent sur-
prenantes face à la situation vécue. Tous les ressentis, toutes les
visions, toutes les odeurs deviennent spectacle dans ce « nouveau
monde » : la taille des épines d'acacias, les troupeaux de dromadaires qui paissent en totale liberté dans cette immensité orangée
qui se confond avec l'horizon, les différentes ondulations que
prend le sable au gré du vent, l'extraordinaire lumière que le soleil
imprime sur tout, des sons inhabituels pour nous. Les couleurs
du sable changent avec la lumière, passant d'un orange vif à des
nuances dorées au fur et à mesure que le soleil se déplace dans le
ciel. Mes sens sont sollicités à chaque instant pour analyser l'environnement et en traduire une joie d'être ici, de faire partie de
ces privilégiés qui composent cette équipée de profanes. Bientôt,
la caravane se scinde en deux parties. Un chamelier est distancé,
ce qui étonne les autres. On s'arrête pour l'attendre et, quelques
minutes plus tard, il arrive lentement et annonce qu'il est malade.
Ce chamelier, parti de Chinguetti, a déjà parcouru 80 km dans le
désert pour rejoindre Ouadâne et compléter l'équipage. Son mal

de tête l'empêche de progresser au rythme de la caravane. Il monte alors sur un dromadaire pour finir l'étape du jour. Notre pharmacie est déjà sollicitée pour soulager les maux de tête de Mahmoud et enrayer sa fièvre. Quelques minutes plus tard, alors que nous sommes maintenant en plein milieu de ce désert de sable, une femme et son enfant viennent à notre rencontre. Je me demande d'où ils sortent et pendant combien de temps ils ont marché pour croiser notre cortège. Leurs vêtements sont simples mais colorés, une touche de vie dans l'immensité beige du désert. Je comprends qu'ici, le temps n'a aucune importance. Il n'a pas d'emprise sur le quotidien. Les choses se font à la cadence des besoins, en priorité vitaux. C'est ainsi qu'il est de coutume pour les nomades d'aller à la rencontre des caravanes afin d'échanger des informations, de se tenir au courant de ce qui se passe dans les autres villages. Cette capacité à lire le désert et à anticiper les mouvements des autres témoigne d'un savoir ancestral, transmis de génération en génération. Cette démarche a exacerbé la capacité de cette population à apercevoir le moindre mouvement sur le sable à des distances inimaginables pour les néophytes du désert. Après 6h40 de marche, avec pour horizon une ligne délimitant le bleu du ciel et l'orangé du sable, nous arrivons sur notre lieu de bivouac. Ils seront tous choisis en fonction de la disponibilité de nourriture pour les dromadaires. D'ailleurs, la toute première tâche qui est réalisée en arrivant, c'est de les libérer de leur chargement, leur entraver les deux pattes avant afin de réduire leur capacité à se déplacer tout en les laissant en liberté. Pendant ce temps, Haïba, notre cuisinier, pose une grande natte au sol, y allonge des matelas de couchage pour nous agencer un agréable « salon en plein air ». Il nous sert une assiette de dates sèches, d'arachides et de petits gâteaux secs, installe ensuite sa cuisine pour nous préparer à la cocotte-minute (eh oui, nous en transportons une) le premier plat de la journée, composé de haricots, tomates, pommes de terre, carottes, oignons et une boîte de thon, le tout accompagné de pain et de bananes. C'est le moment de repos pour les chameliers, qui ont déjà allumé un feu et préparent le thé.

Leurs rires et leurs échanges animent le bivouac, créant une atmosphère chaleureuse et conviviale. Notre discussion s'anime autour de la consommation d'eau, car certains d'entre nous la trouvent excessive pour cette première journée. Chaque point de vue est légitime, car le sujet est sensible dans le désert, et nous en avons tous bien conscience. Haïba intervient pour confirmer qu'il est important de boire en fonction de ses propres besoins et que nous ne manquerons pas d'eau : notre trek s'articule autour de la route des puits. Le fait d'avoir à engager une discussion autour de notre consommation d'eau démontre que le désert nous ramène

à l'essentiel, à notre propre existence. C'est une invitation à repenser nos habitudes dans un monde où la surconsommation est la norme. Nous avons pour un moment quitté ce monde consumériste, preuve qu'il n'est qu'un comportement, ce qui nous invite à réfléchir sur notre capacité à consommer différemment. Le moment est venu pour un des chameliers de nous servir le thé selon la tradition des nomades. Ce soir, c'est Mahmoud qui inaugure cette cérémonie des trois thés, riche en convivialité, car cette pratique est aussi un rituel qui met l'accent sur l'évolution des relations humaines. Les trois thés sont préparés sans changer les feuilles mais en rajoutant du sucre, d'où l'adage suivant : Le premier thé est amer comme la vie, le deuxième thé est doux comme l'amour, le troisième thé est suave comme la mort. En écoutant Mahmoud, je ne peux m'empêcher d'associer cette coutume à notre chemin de vie qui serait découpé en trois cycles : il révèle un parcours à suivre durant l'existence d'une personne, sachant que la première période est celle de l'enfance et ses apprentissages, d'où l'amertume, le second une période envisagée sous l'angle d'une meilleure possession des mécanismes en jeu, donc plus en douceur, et enfin le troisième une phase de vie orientée vers le « lâcher-prise », une sorte d'imperturbabilité face aux évènements grâce à l'expérience acquise. Cette interprétation personnelle de ce rituel du thé se retrouve aussi dans la vie des nomades qui sont attachés à une existence proche de la nature pour répondre à des essentiels tels que boire, manger, dormir, communiquer, etc. Le soleil se couche sur le bivouac, c'est l'heure d'installer la khaïma qui nous protègera du vent et du froid. Pour la circonstance, elle est montée comme un tarp : deux piquets devant, côté ouverture, et directement posée sur le sable à l'arrière de façon à ce que le vent n'ait pas de prise. Il est 19h, je pars avec Dah et Mohamed Mahmoud vers le puits qui se situe à 2,5 km. Les bidons sont chargés sur deux chameaux. À notre arrivée, je suis surpris de voir qu'il faut remplir les outres avec un bidon relié à une corde que l'on jette dans le puits et que l'on remonte à la force des bras. Je pensais à un système plus sophistiqué, genre poulie avec manivelle, mais cela semble faire partie de la simplicité pragmatique de la vie nomade. C'est mon premier contact avec l'approvisionnement en eau. Je n'ai pas immédiatement conscience de la richesse naturelle de cette ressource pour les nomades. C'est en les voyant arriver autour du puits, alors que nous chargeons nos outres et bidons, que je comprends que c'est aussi un lieu de socialisation. Les rires et les anecdotes fusent, renforçant le lien entre les membres de la communauté. Ils s'y rencontrent pour s'informer, se transmettre leurs connaissances et échanger autour de leur famille parfois isolée. De retour au bivouac, nous étalons une natte en plastique sur le sol de la khaïma pour isoler notre couchage de la fraîcheur du sable qui se répand pendant la nuit. En effet, l'absence d'humidité amplifie la chaleur le jour par un phénomène de réverbération et a aussi pour incidence d'empêcher l'air de rester chaud la nuit, car le sol désertique, constitué de grains de sable, est un mauvais « porte-chaleur

». Nous utiliserons d'ailleurs cette propriété du sable pour rafraîchir nos bidons et outres d'eau pendant la nuit. Nous étendons sur la natte un matelas en mousse avant d'y installer notre sac de couchage. Maryse et moi y intercalons même un matelas gonflable. Notre première nuit est calme, pas un bruit sous ce ciel étoilé, une vraie constellation de points lumineux qui scintillent. La clarté des étoiles semble presque irréelle, chaque astre racontant une histoire qui remonte à des temps immémoriaux. C'est la première fois que je vois un ciel de nuit aussi pur. Je n'ai plus de pensées parasites, je suis dans l'instant, ébloui par tant d'authenticité à laquelle s'invite le silence. Même le vent a le respect du moment présent. À 1h du matin, alors que la température chute rapidement pour atteindre 3 °C, les chameliers, étendus sur une bâche en plastique, se blottissent davantage sous leur épaisse couverture de laine. De notre côté, notre empilement de couches « isolantes » atténue la sensation du froid qui s'immisce dans le sable, rendant cette température inattendue un peu plus supportable. Le silence enveloppant du désert ajoute une dimension presque magique à la nuit, où seules les étoiles qui brillent intensément modifient ce décor d'une rare beauté apaisante.

Le 15 janvier 2024 - 2ème jour
De LIGDEM à GUTIL ILKAYIDER

Il est 6h00, il fait encore nuit lorsque j'entends un des chameliers allumer le feu et bientôt la lumière des flammes éclaire la khaïma. Ils sont maintenant tous les trois réunis autour du feu, leurs mains au-dessus des flammes pour rechercher un peu de chaleur. Nous nous levons vers 6h45, le soleil pointe quelques rayons et la couleur orange envahit l'horizon. Notre première nuit s'achève, nous sommes impressionnés par cette température que nous attendions autour de 8°. Ce qui deviendra un rituel pour nous se réalise pour la première fois de ce séjour : faire une rapide toilette à la lingette, replier nos matelas gonflables, rouler nos sacs de couchage et refermer nos bagages pour les hisser sur les dromadaires. Vient ensuite la mission de remplir les outres d'eau, d'y déposer les comprimés de Micropur et attendre 30 minutes avant de pouvoir boire l'eau du puits. Nous remplirons nos gourdes avec cette eau pour la journée de marche, elle est pour l'heure très fraîche mais le soleil changera la donne assez rapidement. Haïba nous prépare le premier petit-déjeuner du bivouac avec du thé, du café, du miel, de la confiture, du pain frais de Oudâne et la maintenant célèbre « vache qui rit ». Il est 8h00, la caravane est prête, nous partons en direction du puits où nous nous sommes ravitaillés la veille. Rapidement, le terrain change de nature, il devient très irrégulier, ce qui n'annonce rien de bon pour la suite si l'on s'en tient à notre vécu d'hier. Nous avançons en direction du plateau du Guelb er Richat dans ce désert qui ressemble à un lac salé. Le terrain est craqué par la sécheresse, dur comme de la pierre et par endroit nous nous enfonçons comme dans un lac de boue. Autant dire que nos chaussures prévues pour le sable sont inefficaces, notre progression est ralentie. Nous accédons à un pierrier qui nous impose une vigilance accrue sur quelques kilomètres car la taille des blocs de rochers brisés est variable et leur forme coupante. Quelle que soit la nature du terrain, la caravane est inébranlable, elle avance au rythme des dromadaires dont les pas nonchalants s'impriment dans ceux des nomades qui marchent en tongs. Ce qui est étonnant, c'est qu'ils sont vêtus d'épaisses djellabas qui les protègent du froid la nuit. Ils font fi de l'environnement : soleil, vent, sable, chaleur, soif… qui ne sont pas des éléments perturbants tant ils sont habitués à ces conditions, mais je pense aussi qu'ils s'accommodent de leur inconfort non pas qu'ils l'aient apprivoisé, mais plutôt que c'est un non-sujet pour eux. Ils font avec, sans se soucier de ces éléments qu'ils ne maîtrisent pas de toute façon. Dans nos vies, tout est tellement règlementé, régenté, je n'irai pas jusqu'à dire organisé parce que c'est tout le contraire, que le moindre paramètre déstabilisant fait vaciller nos vies, remet en cause nos capacités élémentaires et nous fait abdiquer de notre liberté d'agir. Le désert nous bouscule, il perturbe notre doctrine du confort, et pas question de renoncer, c'est le moment d'élargir notre « populaire » zone de confort, de lui offrir une grosse bouffée d'oxygène, de redevenir un acteur de sa vie au sens responsable de son corps et de son esprit. Alors nous marchons tantôt devant la caravane, tantôt derrière, mais nous sommes là sans nous plaindre, avec le plaisir d'être surpris et émerveillés malgré l'exigence de l'environnement. À la sortie du pierrier, nous entamons une dune de sable mou, il faut grimper sur le plateau, la température est maintenant de 29°, le dénivelé dans ce sable mou est important et éprouvant, nos chaussures sont pleines, les sacs à dos commencent à peser, nous avons de plus en plus soif. La caravane a pris une autre direction, nous nous retrouvons donc à trois, Maryse, Jean-Pierre et moi avec Haïba qui, pour la circonstance, nous promet un raccourci. Encore quelques efforts et c'est le sommet, nous arrivons enfin sur le plateau qui n'est autre qu'un nouveau pierrier et dans ce domaine, le désert est immuable. La température augmente, nous voyons maintenant la caravane, assez loin devant nous, flanquée de Jacques et Francis. Je pense à ce moment-là que nous n'avons pas la même conception des raccourcis que les Mauritaniens. Nos réserves d'eau s'épuisent, il nous reste environ 1,5 L pour quelques kilomètres encore, que l'on compte parfois en heures, c'est dire à quel point il est difficile d'évaluer les distances. C'est l'arrivée au bivouac que nous installons autour d'un grand acacia qui sera d'ailleurs le plateau repas des chameaux. Comme hier, après le déchargement de la caravane, auquel nous prenons timidement part aujourd'hui. Haïba étend une grande natte au sol et y déroule des matelas pour que nous nous affalions, exténués de cette deuxième journée. Après quelques minutes de récupération autour de notre assiette de dates, arachides et gâteaux secs, nous entamons une discussion concernant la vitesse de la caravane et l'attitude qu'elle devrait adopter lorsque quelqu'un s'arrête. En effet, les chameliers progressent à un rythme soutenu et régulier, ce qui fait que le moindre écart intempestif nous relaie rapidement à des centaines de mètres, voire plus si notre arrêt prend ne serait-ce

que quelques minutes. Le débat s'éternise un peu sans qu'aucune solution ne soit proposée, bien que nous soyons tous les cinq d'accord pour rester groupés avec la caravane. Je pense qu'il faudra s'adapter à chaque fois, en fonction du contexte, pour que chacun y trouve son équilibre dans la marche. Ce soir, le coucher du soleil est particulièrement resplendissant et les dromadaires qui passent dans ce champ de vision offrent un spectacle digne des plus grandes productions. Nous sommes seulement au crépuscule du deuxième jour et nous avons déjà tant de magnifiques images à partager, ça en dit long sur toutes les émotions qui m'envahissent dans de telles circonstances. Il est 19h30, nous installons la khaïma car nous savons maintenant que la température peut rapidement chuter en dessous de 5°. Jacques et Jean-Pierre décident de dormir à la belle étoile et installent leur couchage dans le sable de telle sorte qu'ils soient abrités du vent. Haïba nous sert un bol de soupe savoureuse, mijotée à la perfection dans sa cocotte-minute. À côté, quelques morceaux de pain frais, achetés à Ouadane, ajoutent une touche de réconfort à ce repas simple. Pour compléter ce modeste festin, il nous sert un fruit qui représente, pour les Mauritaniens, à la fois une source de nutrition et un symbole de convivialité. Dans un pays où la climatologie peut être aride, les fruits, en particulier ceux qui sont de saison, sont précieux pour leur apport en vitamines et en hydratation. Ensemble, ce repas modeste mais réconfortant clôturera notre journée en beauté, nous rassemblant autour de la natte pour partager des histoires et des rires, tout en savourant les saveurs de notre nouveau quotidien. Il est 20h30, le désert est calme et pour cette seconde nuit sous les étoiles, nous sommes mieux habillés et couverts qu'hier, la température peut descendre. Dans le désert mauritanien, l'atmosphère est extrêmement sèche, et l'on ne transpire pratiquement pas, voire très peu, durant la journée. Cette sensation de dessèchement se fait surtout ressentir lorsque le sable s'invite et s'infiltre partout sur le corps, provoquant une irritation douce et persistante. Au crépuscule, alors que le soleil disparaît à l'horizon, la sensation de froid devient palpable, accentuée par l'importante variation de température par rapport à la chaleur étouffante de la journée. Le ciel, dégagé et étoilé, offre une clarté presque surnaturelle, créant une ambiance à la fois lumineuse et limpide. Dans cette fraîcheur nocturne, il suffit d'enfoncer les mains dans le sable pour retrouver une fraîcheur immédiate, un contraste saisissant avec la chaleur accumulée durant la journée. Cette interaction avec le sol, à la fois chaud et froid, devient un rappel subtil de la dualité de ce paysage désertique, oscillant entre aridité et douceur, entre chaleur oppressante et calmante fraîcheur.

Le 16 janvier 2024 - 3ème jour
De GUTIL ILKAYIDER à WEVRI en passant par TIN WEVRI

Les réveils résonnent à 6h00, tandis que, depuis 5h30, les chameliers ont allumé un feu, dont les flammes dansent dans l'obscurité, illuminant le paysage qui commence lentement à émerger de la nuit. La chaleur des flammes crée une ambiance conviviale et réconfortante. Nous avons prévu de partir vers 7h30, ce qui nous laisse un peu de temps pour nous préparer. Chacun s'affaire à rassembler ses affaires, à savourer un dernier moment de calme et à profiter de la beauté du lever du soleil, qui peint le ciel de nuances dorées et rose. Ce matin-là, nous nous apprêtons à vivre une nouvelle aventure dans le désert, remplie de découvertes et de souvenirs inoubliables. La température a été plus clémente que la veille, elle est de 12°, sortir du sac de couchage dans ces conditions nécessite un petit temps d'adaptation qu'il faudra répéter tous les jours. Je rejoins les trois chameliers autour du feu et, comme eux, je passe les mains au-dessus du foyer pour y trouver un peu de chaleur. Nous communiquons par le sourire et quelques gestes. Mouhamed me tend un morceau de pain en signe de bienvenue dans leur cercle autour du foyer. Une fois notre zone de couchage pliée et rangée, le petit déjeuner, composé de thé, café, crêpes, confiture et jus d'hibiscus ou « Carcadé » (que nous prenons tout d'abord pour de la grenadine vu sa couleur rouge sang, mais son goût amer me rappelle ce que je buvais en Égypte le matin), est servi à 7h00. Aujourd'hui, nous partons seuls, sans la caravane et sans notre guide, cette expérience permet de mesurer notre aptitude à nous diriger dans le désert. C'est un bon moyen de constater nos forces et nos faiblesses en matière d'orientation dans cet environnement. Notre consigne est de suivre dans le pierrier la ligne formée par les dunes pendant environ 5 km et de s'engager ensuite dans ces dunes pour les 26 km restants. Autant dire qu'avec ces directives qui me paraissent peu précises et sans l'aide d'un GPS, nous ajoutons à notre expédition un fort degré de probabilité de faire des kilomètres supplémentaires dans ce désert déjà assez rude par moments. Le risque de nous perdre est quand même faible dans la mesure ou Haïba nous a à l'œil, celui d'un mauritanien bien sûr. La température est très clémente jusqu'à 12h00, où nous avons déjà parcouru 20 km. Nous décidons de faire une petite pause et de vérifier notre direction avec un téléphone satellite. Nous attendons la caravane qui aurait déjà dû nous rejoindre, mais en vain, rien à l'horizon qui puisse nous permettre d'identifier une trace humaine dans ce désert de sable. Nous décidons de reprendre notre route en ajustant notre orientation plus à l'Est en direction du puits de Tin Wevri. Il est 12h30, une silhouette se dessine au loin, entourée par une auréole de lumière tremblotante, il faudra attendre plusieurs minutes pour identifier Haïba qui nous rejoint et corrige légèrement notre cap et c'est tant mieux car un degré d'écart sur notre trajectoire dans cette immensité sans repère peut représenter des kilomètres en plus pour arriver au bivouac. C'est une nouvelle petite pause pour manger quelques dates sèches, boire un peu et écouter Haïba nous expliquer comment la caravane et lui suivaient notre itinéraire sans que nous les apercevions. J'imagine que le moindre signe perceptible, comme un arbre aperçu à plusieurs kilomètres, le sens des courbures du sable qui façonne les dunes, la position des dromadaires en liberté dans le désert, leur fournissent autant d'indications quant à la direction à suivre. Bien sûr, étant nés dans cet environnement qui peut s'avérer hostile, ils utilisent certainement d'autres sens qu'ils ont développés pour survivre dans cette monotonie visuelle de dégradés de jaune et orange. Je suis déconcerté par cette orientation qu'ont les nomades sans repères visuels distincts alors que notre monde d'occidentaux truffé de panneaux d'indications nécessite l'utilisation d'un système GPS pour nous guider. Je marche à côté de Maryse car je sens que par moments elle s'efforce de rester dans le rythme. Il est important que ma présence à ses côtés lui apporte un appui moral, des encouragements dans cet environnement nouveau. Il est 15h00 lorsque nous arrivons au puits, l'installation est simpliste, quelques morceaux de bois forment une potence à laquelle est suspendu un seau retenu par une longue corde rafistolée. Alors que nous sommes seulement au troisième jour de marche, notre joie est démesurée à l'idée de pouvoir se laver même superficiellement. Une douche, même habillée, fait notre bonheur, le désert nous renvoie déjà à l'essentiel, trouver de l'eau. Voilà, j'y suis donc, trois jours à peine dans ce désert et le robinet auquel je ne fais plus attention dans mon quotidien ressurgit pour me rappeler qu'il est important de renouer avec les fondamentaux de la vie dont l'eau fait partie. Nous nous versons des seaux d'eau sur la tête, la fraîcheur est instantanée, heureusement nous sommes seuls autour du puits, je ne sais pas si les nomades apprécieraient que l'on gaspille cette eau pour trouver un peu plus d'aisance dans cette expédition. Finalement, depuis notre départ, nous cherchons inconsciemment à maintenir notre confort sachant qu'ici il est challengé en permanence. Notre bivouac se situe à un kilomètre de là, autour d'un gigantesque acacia, toujours pour privilégier le repos et le ravitaillement des chameaux. Lorsque la caravane arrive, une heure après, nous nous empressons d'aider les chameliers à décharger les dromadaires, notre « salon de repos » en dépend. Comme les jours précédents, Haïba nous sert une assiette de dates sèches, d'arachides et de petits gâteaux secs, c'est le moment que choisissent les chameliers pour allumer un feu et préparer le thé qu'ils nous serviront en respectant la tradition des trois thés. Pour nous, cet instant est privilégié dans la journée, nous sommes allongés sur les petits matelas d'une place, la détente s'installe petit à petit, les membres et articulations qui ont été sollicités dans la journée et qui provoquent quelques douleurs ici et là sont en mode décontraction. Maryse met à profit ces instants pour soigner les écorchures et autres bobos. Aujourd'hui, c'est au tour de Jean-Pierre, le sable lui a « poncé » les pieds, formant ainsi des cloques qu'il est impératif de traiter dans cet environnement inhospitalier, ne serait-ce que par notre situation géographique qui est éloignée du premier centre de soins. Jacques profite de ce moment de repos pour déplier une très grande carte qu'il a lui-même réalisée en assemblant plusieurs plans représentant notre itinéraire et chaque emplacement de bivouac. Ce projet de trek, qui a bien été étudié en amont, paraît hallucinant, grandiose maintenant que nous pouvons mesurer tous les paramètres qu'il faut prendre en compte pour marcher, évoluer dans le désert. Le soleil disparaît derrière les dunes, nous installons la khaïma car le lieu est assez « découvert », la température peut rapidement chuter comme le premier jour.

Dah prépare le pain façon nomade, il pétrit une pâte qu'il va déposer sur le sable brûlant. Il façonne des galettes ovales avec soin, les rendant légèrement plus épaisses au centre pour qu'elles cuisent uniformément. Une fois prêtes, il les dépose délicatement sur le sable ardent, là où la chaleur est à son maximum. Trente minutes s'écoulent avant de pouvoir retourné les galettes. Il les recouvre de braises scintillantes, créant un dôme ardent qui emprisonne la chaleur. Lorsque le pain est enfin prêt, Dah déterre les galettes avec précaution, leurs surfaces dorées et croustillantes révélant un intérieur moelleux. Le pain nomade, symbole de partage et de tradition, est bien plus qu'un simple aliment : c'est une véritable célébration qui tisse un lien entre le passé et le présent, un festin au cœur du désert. Dah a profité du temps de la cuisson du pain pour dessiner dans le sable, tout en se moquant de nous, notre parcours en zigzags d'aujourd'hui. Peu importe, si nous avons « tricoté » nos pas dans le désert, nous avons progressé seuls tous les cinq avec pour uniques informations les indications que nous avait fournies Haïba. C'est la première journée où nous enchaînons des dunes de sable, c'est la transition entre le plateau de l'Adrar et les contreforts du Guelb Er Richat.

Dans ce milieu aride, le ressenti est très particulier ; on se sent désorienté, presque impuissant sans nos repères habituels, notamment le GPS qui, ici, semble sans valeur. Peu importe où le regard se pose, une sensation de lassitude s'installe, car après une dune, c'est invariablement une autre dune qui apparaît à l'horizon. Finalement, la notion de distance se mesure en heures plutôt qu'en kilomètres, chaque pas semblant s'étirer à l'infini. Selon un proverbe mauritanien, c'est au quatrième jour de marche que « le corps est d'accord », il finit par s'accorder avec l'effort. Eh bien, nous aurons l'occasion d'apprécier ou non cet adage, car demain, le parcours s'articulera autour d'un pierrier épuisant et d'une succession de dunes au sable chaud et instable, rendant chaque avancée encore plus laborieuse. Pour l'heure, ce qui importe, c'est ce coucher de soleil qui embrase le désert d'une multitude de couleurs flamboyantes, transformant le paysage en une toile vivante. Les nuances de rouge, d'orange et de violet se mêlent, créant un spectacle éblouissant qui semble effacer toutes les inquiétudes du jour. Peu à peu, la magie d'un ciel étoilé se dessine, offrant une promesse de sérénité et d'émerveillement, tandis que la fraîcheur de la nuit commence à envelopper le désert, apportant avec elle une douce promesse de nuit calme et ressourssante.

Le 17 janvier 2024 - 4ème jour
De WEVRI à DAYA AGHOURAS

Réveil à 6h00, comme tous les jours depuis notre départ, nous commençons la journée par une toilette sommaire à base de lingettes en attendant de trouver un puits. Viennent ensuite les tâches liées à la préparation de la caravane, à savoir : plier le sac de couchage, préparer nos bagages pour les charger sur les dromadaires, installer les panneaux solaires pour charger nos batteries, remplir les gourdes d'eau pour la journée. Une fois ces préparatifs terminés, nous nous réunissons autour de notre petit déjeuner. Au menu : du pain cuit à la braise la veille, accompagné de café et de thé réconfortants, ainsi que de délicieuses confitures et du miel. Ce moment de partage est essentiel, il nous permet de discuter de nos projets pour la journée tout en savourant notre réconfortant repas. Après ce moment convivial, nous sommes prêts à affronter une nouvelle journée d'exploration et d'aventure dans ce paysage captivant. Nous partons à 7h30, Jacques est très fatigué, depuis quelques jours il « traîne » une bronchite qui s'est développée, entre autres, par ses nuits hors de la tente dans le sable froid. Nous marchons plein Est, le long des dunes, dans un pierrier qui nécessite une attention permanente pour les chevilles. 1h30 après notre départ, la caravane nous rejoint. Jacques, qui peine à suivre le rythme, finit par faire porter son sac à dos par la caravane. Il a le souffle court, sa progression est lente mais régulière en dépit des toux récurrentes qui commencent à le handicaper. Lors d'une pause le long d'une piste, deux gros 4X4 aménagés van-life s'arrêtent près de nous. Ce sont des Autrichiens qui font le tour du Guelb er Richat en trois jours. Bizarrement, il n'y a qu'une personne par véhicule, un homme dans le premier et sa compagne dans le second. Drôle de manière de traverser le désert à deux, d'autant que chacun a sa propre tente de toit. En réalité, je pense que la van-life a de nombreux visages, elle est aussi le reflet des rapports entre les humains issus de différentes origines, donc l'impression que me laisse ce couple de voyageurs est liée à ma vision de ce mode de vie en plein essor actuellement. Après quelques heures dans cette immensité de sable, nous arrivons à notre 4ème bivouac. Les dromadaires sont à peine déchargés que nous installons la khaïma pour ouvrir l'infirmerie à l'abri du vent. Maryse est à l'œuvre, quelques orteils à soigner, mais c'est surtout l'état de santé de Jacques qui préoccupe l'équipe, à tel point qu'il décide de faire l'étape de demain sur un dromadaire. J'imagine que souffrir d'une bronchite qui génère de nombreuses toux, de la température et affaiblit la respiration dans le confort rudimentaire d'une tente de nomades où s'infiltre le sable n'est pas une sinécure, surtout lorsque l'on est, comme Jacques, à l'origine du projet et partisan de son bon déroulement. Nous sommes maintenant tous à l'écoute de l'amélioration de son état de santé. Après cet intermède en mode « hôpital de brousse », le moment est venu de faire le point sur notre consommation de pastilles de purification de l'eau, car nous consommons vingt litres d'eau par jour à cinq, soit vingt pastilles par jour sur les quatre cents que nous avons emportées pour les dix-huit jours d'expédition. Nous apprenons rapidement à gérer cette eau purifiée qui nous sert essentiellement pour boire et se laver les dents. Autant dire que notre usage de l'eau est minimaliste, c'est d'ailleurs un point que nous avions abordé avant notre départ et pour lequel notre engagement est totalement responsable. Ceci étant, il ne pourrait en être autrement. Le sable est maintenant omniprésent dans notre vie, que ce soit dans les sacs, sur le corps, le nez, les oreilles, parfois dans notre nourriture, tout est sable, jusqu'à la pointe du stylo qui dérape et accroche le carnet de voyage à chaque mot.

Le campement est simpliste, une grande natte, sur laquelle sont déposés des matelas, nous sert d'espace de vie en plein air. Que dire de l'installation des chameliers qui s'allongent tous les trois sur une grande toile de plastique et se protègent la nuit avec une couverture en laine. Le soir de ce quatrième jour, je dois puiser dans mes ressources pour trouver de nouveaux « angles » de bien-être pour aborder le désert avec plus de plaisir qu'aujourd'hui m'en a apporté. La journée a été éprouvante physiquement et mentalement, et c'est là que l'équipe joue un rôle important : créer un collectif qui poursuit le même objectif, celui qui développe inconsciemment des énergies propres à chacun pour maintenir le dynamisme du groupe. Il est 18h30, tout est calme, le soleil est couché, le moment est bien choisi pour s'éloigner du campement et admirer la khaïma éclairée de l'intérieur et la silhouette des dromadaires sur un fond de dunes que l'on devine interminables. J'ai souvent vu ces images sur des cartes postales, je suis ému d'être ici pour profiter de ce spectacle.

Je reste là un moment pour m'imprégner de ce tableau en alternant mon regard entre le ciel magnifiquement étoilé et le décor du désert que m'offre la nuit. C'est lorsque je suis allongé dans mon sac de couchage que je mesure le bonheur de partager avec Maryse ce périple extraordinaire, car c'est un circuit unique et imprévisible pour des étrangers dans cette partie de la Mauritanie.

Ce qui est inhabituel pour moi, c'est l'invariabilité de ce ciel étoilé, qui nous offre chaque soir un tableau animé et fascinant, contrastant avec la monotonie d'un paysage terrestre toujours changeant. Chaque dune, chaque pierre, bien qu'éphémères dans leur agencement, semblent suivre un schéma répétitif, tandis que le ciel, lui, demeure constant dans sa beauté, ajoutant une dimension presque intemporelle à notre expérience. La diversité du sable, qui fluctue entre les dunes et les pierriers, peut donner l'illusion d'un monde en mouvement, mais chaque nuit, ce même ciel d'étoiles éclatantes nous rappelle que, malgré les apparences, il y a une constante ici. C'est un rappel que, même dans l'incessante transformation du paysage désertique, il existe des éléments d'une beauté éternelle qui s'invitent dans notre voyage comme pour ancrer le moment présent.

Le 18 Janvier 2024 - 5ème jour
De DAYA AGHOURAS à SBIL

Le réveil de Francis sonne, il est six heures, je suis totalement enfoui dans mon sac de couchage pour ne pas sentir la fraîcheur du matin. La température extérieure est de 8° et malgré l'animation qui commence à grandir sous la tente, je voudrais bien rester encore quelques instants au chaud. En vain, Haïba entre dans la khaïma pour préparer le petit déjeuner, la lumière s'allume, il faut bouger, toute la khaïma est en mouvement. Mes chaussures sont pleines de sable froid, les premiers pas hors de la tente sont désagréables, le soleil se lève à peine que déjà nous commençons à ranger notre barda pour libérer l'espace prévu pour le petit déjeuner. La discussion s'engage autour de l'état de santé de Jacques, qui nous confirme qu'il va finalement partir avec la caravane sur un dromadaire, car il se sent trop faible pour marcher. Nonobstant sa condition, il affiche un sourire déterminé et explique que cette option lui permettra de profiter du voyage sans trop d'efforts physiques. Il nous partage également son espoir de se rétablir rapidement pour pouvoir profiter pleinement parmi nous, de toutes les journées à venir. Il est 7h30, lorsque nous nous mettons en marche, un soleil orangé éclaire déjà ce terrain parsemé de gros rochers étalés sur le sable, il y en a partout, ces morceaux de roches coupantes nécessitent une concentration toute particulière quant à l'endroit où l'on pose les pieds car nous avons 25 km à parcourir dans cet environnement menaçant pour les chevilles. J'ai une pensée pour Jacques, notre groupe est diminué de son porte-drapeau, de son élément initiateur, nous ne parlons pas beaucoup ou du moins juste ce qu'il faut pour avancer, le fait de n'être que quatre sur cinq occupe peut-être les esprits d'autant que l'état de santé de Jacques est, ce matin, préoccupant. Notre progression est lente, pour la première fois depuis notre départ, je sens que la journée va être particulièrement monotone car pour moi tout est source d'irritation, le simple fait qu'Haïba avance sans se retourner, sans nous attendre me contrarie. Je décide de changer mon mode de respiration pour porter mon attention ailleurs et modifier mon état interne, c'est devenu un automatisme quand je ressens un moment de déplaisir, un agacement et c'est bien dans ces circonstances que je peux l'expérimenter. Je me rapproche de Maryse pour accompagner ses pas car ce parcours est technique et éprouvant. Il est presque 13h00, nous arrivons à l'entrée du canyon d'El Ghallaouiya, après ce pierrier rocailleux le terrain devient sablonneux, les pas sont de plus en plus lourds dans ce sable mou, qui plus est le relief de cette vallée étroite et profonde aux falaises abruptes canalise la chaleur à tel point que nous avançons maintenant dans cette fournaise longue de plusieurs kilomètres. La température avoisine les 35°, nous n'avons pas de repère quant à notre positionnement par rapport au bivouac, qui plus est Jacques qui aurait pu nous fournir quelques informations sur l'itinéraire de la journée n'est pas avec nous et Haïba, toujours serein, nous promet des surprises à la sortie du canyon. C'est en s'enfonçant dans ce passage encaissé que nous apercevons sur d'énormes rochers des peintures et gravures rupestres représentant des animaux sauvages mais aussi des illustrations plus récentes comme des chars, des arbres, des personnages. Bien que les Mauritaniens parlent d'un patrimoine historique, il semblerait, dans ce contexte, le conditionnel est important, qu'aucun inventaire officiel ne soit établi. Quelle que soit les conditions dans lesquelles ce patrimoine est conservé, protégé, je ne retiens que la richesse des lieux et le côté faste que lui confèrent ces décors gravés dans la roche. C'est d'ailleurs derrière un de ces énormes rochers flanqué de deux acacias que nous rencontrons Jacques J., un Français ariégeois qui voyage seul depuis presque 1 an dans son camion Renault 4x4 B110 baptisé Cacahuète en rapport avec sa couleur. Cette rencontre, envisagée par les deux Jacques (et oui il faut maintenant composer avec deux Jacques) mais inattendue pour nous, va changer le cours de notre journée. D'abord parce que depuis notre départ de Ouadâne, c'est la première fois que nous buvons un verre d'eau bien fraîche, ensuite parce que Jacques J. nous propose de nous emmener dans son camion au fort français d'El Ghallaouiya qui abrite non loin de là deux puits. Immédiatement, tous les visages s'éclairent, les sourires reviennent sur les lèvres, d'autant qu'en attendant l'arrivée de notre caravane, il raconte sa vie en VanLife dans cet endroit de la Mauritanie qu'il connaît parfaitement bien. Le canyon d'El Ghallaouiya est un véritable trésor naturel, dont la beauté saisissante captive tous ceux qui le visitent. Enveloppé par des falaises majestueuses aux teintes ocres et rouges, le canyon offre

un panorama à couper le souffle. Les parois rocheuses, sculptées par le temps présentent des formations géologiques fascinantes qui semblent raconter l'histoire de la Terre. Je ressens alors un profond moment de détente, l'écouter nous raconter cette existence de « nomade » dans cet endroit désertique, c'est se laisser emporter dans un rêve d'aventurier avec ce paradoxe d'être présent sur le terrain. J'ai maintenant hâte de pouvoir me laver dans ces bassins alimentés par les deux puits. Tout en buvant les paroles de notre conteur, nous apercevons les premiers dromadaires de notre caravane et étonnamment Jacques dit « Chibani », marche aux côtés des chameliers, son état de santé s'étant légèrement amélioré, il a préféré marcher plutôt que de subir plus longtemps le monotone tangage imposé par le dromadaire. Dah décide d'établir le bivouac dans le canyon autour de quelques acacias. Il prépare le thé pendant que nous étalons la natte et les matelas. Jacques J. est intarissable de connaissances sur les environs du Guelb er Richat et du plateau de l'Adrar, j'ai l'impression qu'il nous lit le livre de sa vie en Mauritanie et je ne perds pas une miette de ses paroles car la vie de « nomade » en mode vanlife m'enthousiasme. Le fort et les puits sont à 9 km du bivouac, nous prenons place tous les cinq dans son camion dont l'intérieur est simple mais spacieux et confortable. C'est l'euphorie dans le groupe, tout le monde est enchanté à l'idée de se laver, malgré les heures de marche, la fatigue a disparu, nous avons retrouvé en quelques minutes les éléments prépondérants à notre zone de confort. Le puits, équipé d'une pompe immergée et de panneaux solaires, alimente des bassins en béton qui ressemblent à des grandes baignoires. Nous remplissons en priorité nos outres contenant 10 L d'eau et sautons de joie dans ces bassins à l'eau sans cesse renouvelée. Nous avons droit à un lavage complet et plus pour certains qui sont maintenant nus comme des vers, j'ai alors la sensation que le désert a un pouvoir désinhibiteur plus prononcé que certaines substances interdites. Après ce moment inespéré de délectation, nous prenons la direction du fort colonial français d'El Ghallaouiya où Jacques J. a campé pendant neuf jours dans une salle protégée du vent en attendant d'être désensablé, c'est dire la fréquentation du site toute population confondue. Il avait même utilisé les os d'un squelette de dromadaire pour écrire dans le sable le mot « SOS » qui ainsi pouvait être vu du ciel. Nous regagnons le bivouac, frais et satisfaits de ce « savonnage » revigorant. Nous nous attelons maintenant à l'installation de la khaïma, qui, une fois illuminée, confère au fond du canyon un aspect lunaire, à la fois mystérieux et paradoxal au cœur du désert. Une pensée m'effleure l'esprit : je sens que notre expédition va prendre une nouvelle tournure. Peut-être est-ce l'atmosphère envoûtante de cet endroit, ou le changement inattendu provoqué par notre rencontre avec Jacques J. Quoi qu'il en soit, après cette soirée chaleureuse passée à six autour d'un repas convivial, je m'endors le cœur léger, enivré par la magie du moment. Je suis enchanté d'être ici, entouré de Maryse et de cette joyeuse équipée, partageant rires et histoires du désert au moment où les étoiles commencent à scintiller dans le ciel nocturne. L'aventure ne fait que commencer, et je me sens prêt à accueillir tout ce que cette expédition a à offrir.

Le 19 janvier 2024 - 6ème jour
De SBIL à ZIRI

La nuit a été très calme dans ce tunnel à ciel ouvert, c'est l'image que renvoie le canyon d'El Ghallaouiya vu du ciel. Après un co-

pieux petit déjeuner pour lequel Jacques J. nous a rejoints, nous plions la tente, rangeons nos bagages. Il est 8h00, nous partons plein Ouest pour contourner par le flanc Nord le Guelb er Richat. Nous retrouverons Jacques J. à El Beyed dans quelques jours. Notre caravane longe le relief du canyon jusqu'à hauteur du massif rocheux Tikika que nous laissons sur la droite. Aujourd'hui, il s'agit d'une étape courte de 20 km que nous avalons en 5 heures. Le terrain est propice à une progression assez facile, pas de dénivelé, nous sommes sur du reg, un désert rocheux recouvert d'une fine pellicule de sable noir. On en profite pour faire des séances photos inédites avec des pauses du style « star hollywoodienne », bien que notre accoutrement n'ait rien de cinématographique. Nous arrivons à Ziri vers 13h00, nous nous installons à l'ombre d'un acacia sur l'ancienne place du village qui ne compte plus qu'une école construite sous l'égide d'une ONG espagnole, un fort et quelques bureaux d'écoliers dispersés çà et là dans le désert. C'était une journée de marche rondement menée dans un nouveau décor, un immense reg entoure un plateau rocheux. Le canyon a servi de transition entre le sable du désert que nous retrouverons vers El Beyed et ce reg à l'aspect lunaire. Le bivouac est maintenant installé, nous prenons notre repas à 15h30, puis Maryse et moi décidons d'aller faire une lessive à un puits situé non loin de notre campement. Francis et Jacques vont visiter le fort, quant à Jean-Pierre, il garde l'infirmerie ouverte, une plaie au pied le contraint au repos. Haïba nous explique que pour rejoindre le puits qui est à 3 km, il faut suivre tout droit la direction de la pointe descendante d'une petite montagne, suivre le chemin des ânes, le puits se situe à l'extrémité sud de l'oued. Fort de ses indications, nous partons en direction de la montagne, le paysage est magnifique, nous rencontrons un troupeau de chèvres, des traces de pas d'ânes, nous sommes en confiance d'autant que le chemin se resserre en direction d'un champ d'acacia que nous supposons être l'oued. Après 4,8 km, toujours pas de puits, nous décidons de retourner au bivouac lorsque nous apercevons Francis et Jacques qui ont décidé de nous rejoindre. Même à quatre, en combinant les informations d'Haïba aux variations du terrain, rien n'y fait, pas de puits. Nous décidons de rentrer au camp. C'est Dah, un des chameliers, qui nous indique qu'il fallait simplement repérer un dattier/palmier situé à 5 km, qui renseigne la position du puits sur le chemin des ânes. J'ai pourtant l'habitude de dispenser des séances de communication, et pour le coup, j'aurais dû me servir de l'adage populaire : « Tout ce que nous entendons est une opinion, et non un fait », et peut-être qu'après une bonne reformulation… qui sait, l'eau aurait peut-être jailli. À vrai dire, nous n'en sommes pas encore à nous orienter à partir d'indications sommaires, et notamment sur la base d'informations succinctes délivrées par un chamelier dont la vision du terrain est différente de la nôtre. Des nomades approchent de notre campement et s'installent pour vendre leur petite production de bijoux. C'est Dah qui les accueille et leur explique notre périple. À 20h00, après un bol de soupe, nous prenons place dans nos sacs de couchage étalés sous la khaïma. La nuit est très agitée, tout comme la tente dont la structure est fortement ballotée et soulevée par un vent fort qui ne faiblira qu'à 1h00 du matin. S'endormir dans ces conditions relève de capacités à savoir lâcher prise, d'autant que vers 3h00 du matin, le vent redouble de violence, à tel point que Maryse décide de changer de place sous la tente. Le poteau central de la khaïma est soumis à un régime de métronome dont la variation augmente sans cesse. En dépit de cette inquiétante situation, tout le système tient bon. En soufflant toute la nuit, le vent façonne le désert pour donner aux dunes un nouvel aspect plissé et ondulé. Ce balayage permanent et régulier du sable dessine un paysage vierge où la vie n'a pas encore laissé d'emprunte. Je suis surpris par tant de finesse et de régularité entre les lignes courbes modelées par le vent et le vallonnement des dunes qui a changé depuis hier.

Le 20 janvier 2024 – 7ème jour
De ZIRI à ETCHIGUITIN

Réveil à 6h00, peu de bruit sous la khaïma à part le vent qui continue de balayer notre bivouac. Les trois chameliers qui ont dormi sur le sable sont emmitouflés dans leur couverture. J'en aperçois un en train d'allumer un feu pour préparer le thé et surtout pour se réchauffer avant le lever du soleil. À notre réveil, je suis un peu ankylosé dans mon sac de couchage, les premiers mouvements sont limités, les articulations du cou un peu douloureuses, ceci est certainement la conséquence d'une mauvaise position pendant toute cette nuit agitée. Enfin levés et pour changer un peu, nous avons du miel et de la confiture de coing au petit déjeuner en plus des traditionnelles vaches qui rit. C'est au tour de Dah d'aller chercher les dromadaires entravés qui se sont éloignés du campement pour trouver des acacias très feuillus. Nous aidons nos trois chameliers à installer tout le matériel sur les dromadaires, nous en profitons pour positionner sur deux chameaux des panneaux solaires pour charger des batteries pendant la journée. L'installation est précaire, tout tient avec quelques bouts de ficelles, c'est le paradoxe des nouvelles technologies, faire fonctionner des équipements qui « embarquent » des systèmes perfectionnés grâce à des bouts de ficelles. Nous prenons la direction plein Ouest, le terrain est facile, un reg de sable dur sur 12 km dans un magnifique décor, les dunes de sable rose et blanc à notre droite et la crête de ce sublime plateau du Guelb er Richat éclairé par le soleil à notre gauche. Notre progression est assez rapide, le vent s'est calmé, le soleil n'a pas encore atteint son zénith que l'on aperçoit déjà tout au loin des arbres qui indiquent l'emplacement de notre bivouac d'aujourd'hui. Dans ce désert la visibilité est trompeuse, notre bivouac est encore à 13 km, il faut maintenant compter en heure et nous devons traverser successivement un nouveau reg et un lac salé dont la croûte s'enfonce parfois sous les pas. Il fait 34,6°, le paysage est invraisemblable, la chaleur fait trembler l'horizon, les dunes s'étalent en vagues de sable parfaitement disposées. Le tableau brumeux s'anime quand notre caravane arrive à son tour sur ce lac asséché, ce sont d'abord des images floues et vibrantes qui se stabilisent au fur et à mesure qu'elle progresse dans notre direction. Au détour d'une dune, nous stoppons devant une khaïma habitée par une famille de 5 enfants. L'endroit est sommaire, quelques ustensiles de cuisine sont éparpillés à même le sable devant l'entrée de la tente, une outre de lait est pendue à un trépied de bois devant le feu qui sert essentiellement pour l'eau du thé. Une femme sort avec toute sa famille pour demander des médicaments, notamment pour soigner des maux de tête. J'imagine que cette démarche est habituelle lorsque des étrangers se présentent dans les environs. On leur propose quelques comprimés de paracétamol en insistant sur le caractère très occasionnel et espacé pour prendre ces cachets, en retour nous avons droit à des sourires généreux. J'observe cette petite famille et imagine leurs conditions de vie quand je remarque que le contour de la bouche des très jeunes, et notamment celui d'un bébé d'approximativement un an, est couvert de mouches, c'est un spectacle qui m'insupporte à tel point que je détourne mon regard non par pudeur mais par respect de non voyeurisme. Nous condamnons chez les autres ce que nous n'avons pas encore accepté chez nousmêmes, c'est ce que je ressens, gêné, en quittant cette petite famille de nomades du regard. Haïba, Jean-Pierre et Jacques boivent du zrig (boisson à base de lait de chamelle légèrement sucré), que leur propose la mère de famille en signe de bienvenue, Maryse et Francis achètent des colliers de pierres taillées pour quelques ouguiyas et nous laissons deux paquets de thés avant de repartir en direction d'un lac salé asséché.

Au loin sur la piste des trafics, nous apercevons le Renault de Jacques J. qui se dirige vers El Beyed. Malgré la chaleur pesante, la traversée du lac salé est pour nous un moment de détente, nous en profitons pour faire quelques panoramas avec figures de style et différentes pauses sur cette terre craquelée. La température est de 34,5°, la fin de l'étape est fastidieuse, nous stoppons enfin près de deux acacias qui serviront de base pour le bivouac de ce soir.

Quelques minutes après notre arrivée, des nomades viennent installer devant notre campement des tapis qui leur servent de présentoirs pour leurs bijoux et toutes sortes d'objets qu'ils confectionnent pour vendre aux visiteurs. Ils restent ainsi assis autour de leur tapis jusqu'au coucher du soleil à attendre d'éventuels acheteurs. Haïba nous propose d'aller à un puits qui se situe à 3 km du campement pour environ 45 minutes de marche, quels que soient notre état de fatigue, nous partons immédiatement car pour nous cela signifie se laver, laver du linge, se débarrasser pour quelques heures du sable dans le nez, dans les oreilles et sur nos vêtements. Comme souvent, l'endroit est magnifique, le puits est creusé au centre d'un cirque formé par des rochers, l'installation paraît moderne avec ces deux panneaux solaires qui alimentent une pompe immergée. Malheureusement, l'entretien du système n'est pas la priorité des nomades, un des panneaux est rayé, le raccordement électrique est arraché et pour compléter le tableau, il n'y a pas de cordes pour remonter l'eau du puits et le bidon est percé. Il en faut plus pour nous détourner de notre objectif « lavage ». Haïba noue plusieurs chèches entre eux, c'est là que je prends conscience de l'utilité d'en avoir un, y attache un bidon qu'il a récupéré à 150 m du puits et commence à remonter l'eau. C'est le moment tant attendu, tout le monde se lave, c'est même la grande lessive dans la joie, le savon passe de main en main, même Haïba qui était resté discret sur le sujet depuis notre départ lave son pantalon blanc, blanc étant sa couleur de départ. Ces moments sont privilégiés dans notre vie de baroudeurs du désert, ils nous apportent détente et relâchement après des heures de marche dans le sable chaud des contreforts du plateau de l'Adrar. La réalité s'adapte à nos intentions, même si cela peut se traduire par des expériences parfois dérangeantes comme le manque, c'est le cas pour l'eau que l'on souhaiterait plus souvent abondante. Retour au bivouac vers 18h30, plus légers, plus détendus, en notre absence, les chameliers ont installé la khaïma. Ce soir Maryse et moi dormons à la belle étoile, devant l'entrée de notre tente. Nous nous allongeons dans nos duvets, les yeux fixés vers ce ciel étoilé nous permettant d'admirer la voute céleste pour quelques minutes seulement car la journée a laissé des traces dans les organismes. C'est vers 2h00 du matin que le vent se lève, soufflant de plus en plus fort. Maryse décide alors de retourner dormir à l'intérieur, tandis que la température chute rapidement autour d'elle. Le sable, qui réverbère la chaleur pendant la journée, associé à un manque d'humidité, provoque de grandes variations de température qui sont perturbantes par leur soudaineté et leur répétition quotidienne. Les nomades, conscients de ces conditions extrêmes, s'en protègent en s'endormant près du feu, emmitouflés dans leurs couvertures de laine, cherchant à se préserver du froid piquant de la nuit. Les braisent du feu créent une atmosphère chaleureuse et rassurante, contrastant avec la rigueur de ce froid désertique. Dans cette tourmente nocturne, chacun trouve refuge dans son abri, espérant que le jour apportera à nouveau la chaleur du soleil.

Le 21 janvier 2024 - 8ème jour
De ETCHIGUITIN au GUELTET MAHRIA

Comme tous les jours depuis notre départ, un rituel s'est installé quant à l'heure du réveil. Il est 6h00, la douce sonnerie du réveil de Francis nous indique que le soleil va bientôt se lever. Dah allume un feu pour préparer le thé et se réchauffer. C'est le moment choisi pour que nous partions chacun dans une direction pour nous soulager de la nuit. À notre retour, nous plions les sacs de couchage, rangeons nos bagages pour libérer la khaïma pour le petit déjeuner. Aujourd'hui, pour ne rien changer aux habitudes, ce sera café, thé, crêpes, confiture et vache qui rit. Après avoir aidé les chameliers à « charger » les dromadaires, installer nos panneaux solaires, nous partons vers 8h00. Haïba nous annonce une étape de 22 km, c'est avec plaisir que nous accueillons cette information d'autant que nous enchaînons une moyenne de plus de 25 km depuis notre départ. Le décor est grandiose, pour commencer, nous avançons sur un reg en ayant la crête du Guelb er Richat sur notre gauche et les dunes de sable sur notre droite, étendues à l'infini. Puis, c'est un pierrier que nous traversons avant d'atteindre un immense terrain qui sert de pâturage à un grand troupeau de moutons. Le berger, qui discute avec Haïba, verse dans une petite bouteille d'eau vide du lait de chèvre pour Dah. Il fait 33°, nous commençons à gravir un petit massif qui nous conduit sur un plateau qui se termine par une petite « cuvette » plantée d'acacias. Toute l'équipe est à l'écoute des indications du guide, qui entretient bien la confusion entre distance et temps de parcours, car nous arrivons à notre bivouac après 27 km. Quand on tient compte de ces températures, de la poussière générée par nos pas et de la nature du terrain, l'engagement est total, tant sur le plan physique que mental. Nos ressources insoupçonnées, car inconscientes, se réveillent pour nous servir une nouvelle énergie. Jacques nous annonce qu'un puits est à 1,7 km alors qu'Haïba le positionne à 800 m. Peu importe la distance, toute l'équipe décide d'y aller et, pour la circonstance, c'est Mohamed Mahmoud et

Dah qui ouvrent le chemin qui conduit à la Gueltet Mahria. Après
500 m environ, nous commençons à descendre dans une faille de
la roche qui s'ouvre sur un sentier où seuls les hommes et les ânes
peuvent passer. Ce chemin montagneux et rocailleux est superbe,
à chaque pas on découvre une nouvelle représentation de ce
cirque ouvert vers le canyon qui nous conduira à El Beyed.
Quelques minutes plus tard, au détour d'un énorme bloc de
pierre, nous apercevons un minuscule lac vert, entouré aux trois
quarts par cette immense montagne rocheuse. Il s'agit certainement d'une résurgence issue de cette masse rocheuse. Son eau est

d'un vert olive intense qui masque le fond. La pérennité de ce
gueltet est préservée par sa position abritée au fond du canyon,
qui limite ainsi son évaporation dans ce contexte climatique d'aridité. Nous sommes tous excités à l'idée de nous baigner après 7
jours de marche dans le désert. Nous entrons dans cette eau
fraîche avec bonheur, nous ne cherchons même pas à savoir si
l'eau est bonne à la baignade ou si le lieu abrite des animaux. Le
désert a cette faculté de nous ramener à des conditions de vie élémentaires pour y trouver une joie intense alors que la même scène
vécue chez nous nous paraîtrait peut-être sans intérêt. Ce bain est
salvateur pour le reste de la journée, voire même au-delà. Toutes
les conversations de la soirée sont orientées vers ce petit « trou »

d'eau coincé dans les rochers. De retour au bivouac, c'est l'infir-
mière Maryse qui entre en scène pour soigner les mains et les
pieds de nos chameliers encore contusionnés par les ampoules et
autres coupures. C'est une vision antagoniste de notre voyage,
une femme blanche non voilée qui soigne les blessures de trois
hommes musulmans. Les voir se promener dans le campement
avec des « poupées pansements » aux doigts paraît surréaliste,
d'un autre temps. Le soleil se couche sur le bivouac, les visages
sont éclairés par cette magnifique journée conclue par un moment
de détente inestimable dans cet environnement. Les chameliers
sont réunis autour du feu pour la fabrication du « pain des sables
». Je prends alors conscience de cet esprit d'équipe et la camaraderie qui règne dans notre campement, et je me doute que chacun
se rend compte que, au regard de nos différences, nous sommes
tous unis par cette aventure partagée.

Le 22 janvier 2024 - 9ème jour
Du GUELTET MAHRIA à EL BEYED

Je me réveille à 3h00 du matin, perturbé par la violence croissante du vent qui secoue la tente de manière inquiétante. Le poteau central s'incline anormalement, et je sens la tension dans le tissu de la khaïma. Luttant contre le sommeil jusqu'à 6h00, je suis constamment en alerte, le vent se renforçant au point que je reçois un piquet sur la tête, celui qui maintenait un coin de la tente. Au réveil, lorsque l'alarme retentit, je ne suis vraiment pas disposé à sortir de mon sac de couchage. Pourtant, l'agitation sous la khaïma, accentuée par la tempête qui fait rage, me force à plier mon lit avec réticence. Comme d'habitude, nous nous réunissons pour un petit déjeuner vers 7h00, au milieu de ce désordre ambiant. À 8h00, une fois la caravane opérationnelle, nous nous préparons à quitter ce bivouac, en espérant que le vent se calme pour notre départ. Ce sera l'étape la plus courte du séjour, elle annonce aussi un jour off le lendemain. Jacques était déjà venu à El Beyed en 2015, il a gardé quelques connaissances parmi une famille de nomades qu'il compte bien retrouver et pour laquelle il a réalisé un album photo souvenirs. À la sortie du canyon, nous longeons l'oued dans lequel se trouve le gueltet Mahrïa pour sortir vers un plateau recouvert d'acacias, cet endroit signale notre arrivée sur le village d'El Beyed dont nous apercevons quelques Khaïmas. Je m'attends à trouver un village important doté de plusieurs constructions autour d'une place centrale, la réalité est tout autre. Quelques familles sont éparpillées au milieu de cet oued entouré d'un plateau à l'Ouest et des champs de dunes qui ressemblent à des montagnes à l'Est. À cet endroit, il ne pleut pas souvent, à part les acacias qui poussent généreusement, la végétation est pauvre au mépris des efforts fournis par des habitants pour cultiver un jardin à côté du puits central. Le seul édifice construit en dur est cette école, œuvre d'une ONG espagnole, que nous visiterons le lendemain.

Ce sera l'étape la plus courte du séjour, elle annonce également un jour de repos bien mérité le lendemain. Jacques, qui avait déjà visité El Beyed en 2015, est impatient de retrouver ses connaissances parmi une famille de nomades, pour laquelle il a préparé un album photo riche en émotions et en souvenirs partagés.

À la sortie du canyon, nous longeons l'oued où se trouve le gueltet Mahrïa, avant de nous diriger vers un plateau parsemé d'acacias. Ce paysage aride signale notre arrivée dans le village d'El Beyed, dont nous apercevons quelques Khaïmas qui se dressent ça et là. Je m'attendais à découvrir un village animé, doté de plusieurs constructions autour d'une place centrale, mais la réalité est bien différente. Quelques familles sont éparpillées au milieu de cet oued, entouré d'un plateau à l'Ouest et de champs de dunes qui s'élèvent comme de véritables montagnes à l'Est. Dans cette région, la pluie est rare, et malgré les efforts des habitants pour cultiver un jardin près du puits central, la végétation demeure pauvre. Les acacias, qui poussent pourtant généreusement, semblent être les seules plantes à s'épanouir dans ce sol aride. Le seul bâtiment construit en dur est l'école, œuvre d'une ONG espagnole. Nous visiterons le lendemain cette école qui m'apparait comme étant le symbole d'espoir et de progrès de cette zone du désert de Mauritanie. Au-delà des paysages, c'est cette volonté des habitants de s'adapter et de survivre dans des conditions difficiles qui rend cette visite si saisissante.

El Beyed est célèbrement connu pour un site préhistorique important car son sol est parsemé à certains endroits de bifaces, l'outil à tout faire de l'homme préhistorique (dépeçage, découpage, grattage, etc.). La renommée de ce village viendra de Théodore Monot qui incita les habitants et notamment Yeslem, le chef du village, à construire un musée plutôt que de piller ces ressources à travers un hypothétique commerce initié pour quelques touristes. Ce musée, installé sous une hutte de bois et de paille, abrite une richesse millénaire avec ces centaines de bifaces, haches, pointes de flèches, pilons, céramiques et autres outils de l'époque. C'est un moment inoubliable que d'écouter Yeslem raconter sa rencontre avec Théodore Monot et l'histoire de la création de ce musée, dans un beau français où chaque mot est soigneusement prononcé au rythme des r qui roulent. Pouvoir visiter cet endroit en compagnie des deux Jacques qui connaissent bien l'histoire de cette région de Mauritanie est un privilège pour moi, je le ressens même comme une véritable expérience très enrichissante de ce voyage.

Chaque objet exposé semble porter en lui des histoires oubliées, des échos de vies passées qui se mêlent à la poussière du temps. Les Jacques, passionnés et érudits, ne manquent pas de partager leurs connaissances de ces outils. Leurs anecdotes, ponctuées d'une touche d'humour, rendent la visite encore plus captivante.

Alors que la visite s'achève, je suis frappé par la beauté des paysages environnants. Les dunes dorées de sable et les ombres des acacias se dessinent à l'horizon, rappelant que ce musée n'est pas seulement un lieu de mémoire, mais aussi un reflet de la vie actuelle dans cette région. Le regard de Yeslem s'illumine lorsqu'il parle de l'importance de préserver ce patrimoine pour les générations futures. Il évoque les projets en cours pour sensibiliser la jeunesse locale à cette richesse culturelle. Je ressens un profond respect pour ce travail acharné et la passion qui anime ceux qui œuvrent pour la sauvegarde de leur histoire. Notre campement est installé à la sortie du village, derrière une dune de laquelle nous chercherons à nous abriter pendant ces deux jours. Quelques minutes après notre arrivée, Jacques J. nous rejoint devant la khaïma de la famille que connaît Jacques. Sous la tente, une jeune femme prépare le thé pendant qu'une autre nous propose des dates sèches. Nous sommes installés en arc de cercle sur des tapis et nous observons chaque geste, notamment dans la préparation du thé, qui reste pour moi un moment surprenant, notamment à travers cette élégante gestuelle automatisée, tant elle est répétée maintes et maintes fois dans la journée. J'imagine une légère déception chez Jacques qui attend avec impatience qu'une des personnes l'identifie et se rappelle sa venue en 2015. Il sera nécessaire qu'il sorte son album photo pour que nos hôtes se souviennent de sa venue et surtout les deux filles de cette famille dont l'une doit consacrer sa vie à accompagner ses parents jusqu'à la fin de leurs jours. Je ne pensais pas qu'une telle pratique puisse encore exister, fût-ce-t-elle employée dans des coins reculés de la planète. Va-t-elle évoluer au même rythme que les 4x4 qui arrivent petit à petit jusqu'aux nomades ? Je le souhaite, bien que j'estime que ces coutumes ancestrales font partie d'une culture qui, même si elle bouscule mes valeurs, est profondément ancrée dans la vie de ces populations. Ces traditions témoignent d'un mode de vie et d'un respect des liens familiaux qui méritent d'être préservés, même à l'heure de la modernité. Après la sacro-sainte « cérémonie » du thé, nous sommes dix à grimper dans le camion de Jacques J. pour rejoindre notre campement. Les femmes du village profitent de ce voyage pour apporter leur boutique ambulante dans des sacs de toile et les installer devant notre bivouac. En dépit de la violence du vent qui lève des tourbillons de sable, elles resteront là jusqu'à la tombée de la nuit à attendre notre visite. À vrai dire, elles n'attendent pas très longtemps, car faire les boutiques, qui plus est dans un contexte de participation à l'économie locale, est bien enraciné dans nos gènes, même si la marchandise ne recueille pas l'unanimité. L'art local est rudimentaire et tourne autour de quelques colliers de pierres percées, quelques bracelets dont le cuir est incrusté d'une petite plaque métallique, de chèches dont on ne sait si la couleur ne va pas déteindre à la première transpiration, etc. Après le déjeuner, Maryse et moi suivons dans la tempête de sable Mohamed Mahmoud et Dah qui vont faire le plein d'eau. Le puits est déjà très convoité, une famille de trois locaux remplit des jerricans qui sont ensuite installés sur un âne. Notre arrivée au puits est un véritable spectacle, nous sommes dévisagés, scrutés, notre tenue du désert intrigue peut-être ou alors notre façon d'affronter ces salves de sable amuse ces mauritaniens. Ce sera au tour de Dah d'amuser la galerie lorsque le bidon qu'il remonte du puits tombe au fond, c'est un jeune nomade qui descend dans la buse de béton d'une dizaine de mètres de profondeur pour atteindre l'eau et récupérer le bidon. De retour au bivouac, nous décidons de profiter de cette journée off pour faire une lessive. À cette occasion, nous changeons de puits pour bénéficier d'une installation plus moderne à base de panneaux solaires et d'une pompe qui remonte l'eau avec un débit important. L'endroit est plus propice au lavage de linge, on en profite pour laver la nappe blanche qui recouvre notre natte à chaque repas. Là encore, nous sommes le sujet de divertissement des femmes qui font, elles aussi, la lessive et qui cherchent à savoir, qui dans notre équipe, est disponible, il faut comprendre « non-marié ». En général, nos regards se tournent vers Francis qui maîtrise la réponse avec sourire et élégance. Malgré la barrière du langage, il arrive à engager une conversation, plaisantant avec les femmes, ce qui crée une atmosphère conviviale et joyeuse. Leurs rires résonnent autour de nous, et je me rends compte à quel point ces

échanges sont précieux. Il est 19h00, la journée nous paraît longue au regard du faible kilométrage que nous avons parcouru pour atteindre El Beyed, c'est l'heure du dernier repas de la journée, je ne peux pas évoquer « dîner » car ce mot me semble désuet dans le contexte d'un bivouac balayé par le sable. Tandis que le vent fort et soutenu balaie notre camp, la khaïma, solidement ancrée au sol nous protège et nous offre un espace sûr et abrité, offrant à la fois protection et réconfort dans un environnement potentiellement hostile. La nuit s'annonce agréable, bercée par le murmure du vent et le chant des grillons. En m'allongeant sur mon tapis, je laisse mes pensées vagabonder, reconnaissant d'avoir vécu une journée riche en découvertes, en échanges simples et authentiques. Je me souviens de moments particuliers de la journée, je suis à la fois serein et excité, conscient que chaque jour dans cet environnement magique est une nouvelle promesse d'émerveillement et de découverte. Je m'endors finalement, enveloppé par la magie du désert, prêt à accueillir les aventures du lendemain.

Le 23 janvier 2024 - 10ème jour
Le village d'EL BEYED

Pour la circonstance, nous nous levons exceptionnellement à
7h30 afin de profiter d'un copieux petit déjeuner, auquel se joint
notre ami Jacques J. Le vent, bien que persistant, n'entame pas
notre enthousiasme et nous prenons la route pour visiter l'école
du village. En chemin, nous apercevons un bâtiment en tôle rouil-
lée, vestige d'un temps révolu : c'est l'épicerie du village, qui est
malheureusement fermée aujourd'hui. La façade, marquée par le
temps et les intempéries, raconte l'histoire d'une époque où elle
était certainement le cœur de la vie communautaire. Plus loin sur
notre parcours, nous découvrons une petite hutte en bois, sur-
montée d'une longue antenne. C'est ici que se trouve le poste ra-
dio du village, alimenté par deux batteries et des panneaux solaires
qui assurent son alimentation en énergie. Ce poste joue un rôle
crucial dans la communication avec les villages voisins et les auto-
rités locales, suivant un planning établi chaque semaine. J'imagine
que les habitants se rassemblent pour écouter les nouvelles, partager des informations et rester connectés à l'extérieur. Ce lien
essentiel renforce non seulement la cohésion communautaire,
mais permet également de faire entendre leur voix dans les déci-
sions qui les concernent. Ainsi, notre promenade devient non
seulement une découverte des infrastructures locales, mais aussi
une immersion dans la vie quotidienne de ce village, marqué par
des défis mais aussi par une solidarité entre ses membres. Nous
arrivons devant l'école, entourée d'un grillage qui délimite la cour
et le bâtiment principal. L'instituteur, qui vit temporairement à El
Beyed pour l'occasion, gère avec dévouement six classes simulta-
nément, allant de la première, la plus petite section, à la sixième,
qui est validée par un concours passé à Ouadane, offrant ainsi un
accès aux niveaux supérieurs d'éducation. Dans cette école, les
matières classiques sont enseignées ainsi que le français et l'arabe,
conformément aux programmes éducatifs en Mauritanie. Nous
faisons d'abord notre entrée dans la salle de la classe de sixième,

laquelle est soigneusement divisée en deux sections : d'un côté, les filles, et de l'autre, les garçons. Après un chaleureux échange de prénoms, ceux-ci sont inscrits au tableau pour que chaque élève puisse les lire et nous identifier. Par la suite, les élèves nous présentent leur cahier, qui est astucieusement divisé en deux parties : une moitié dédiée au français et l'autre à l'arabe. Je suis agréablement surpris par la qualité de leur écriture et le soin méticuleux apporté à la tenue de leur cahier. Cela témoigne de leur engagement envers l'apprentissage, malgré les défis qu'ils rencontrent dans leur vie quotidienne. Il est vrai que pour ces élèves, l'école représente un exutoire pratique, un espace où ils peuvent se développer et trouver des moyens d'échapper aux défis qu'ils rencontrent dans leur vie quotidienne face à une existence marquée par la précarité, où la vision du monde est souvent limitée au désert et à la vie nomade. Avant de procéder à la traditionnelle photo de classe, Jacques saisit l'occasion pour remettre à l'instituteur une grande carte géographique, retraçant notre périple. Cette initiative permet à certains élèves de localiser leur village par rapport aux villes importantes telles que Ouadane et Chinguetti, stimulant ainsi leur curiosité géographique. En dépit de la dure réalité qui se cache derrière le sourire de ces enfants, je ressens une sincère connexion avec eux. Leur visage, éclairé par notre visite, témoigne de l'impact que nous aurons sur leur journée, offrant certainement un moment de distraction et de joie au sein de leur quotidien. Cette expérience enrichissante souligne l'importance de l'éducation et de la solidarité, quelques soient les conditions d'existence. Nous changeons d'endroit pour aller chez les petits. Le déséquilibre est saisissant, d'abord dans les tranches d'âge, ensuite dans les conditions sanitaires tant certains élèves, notamment les plus petits, nous paraissent « malades ». D'ailleurs, le taux d'absentéisme dans ces sections est très élevé. Ils sont plus nombreux, moins équipés et peut-être moins concernés. Certains ont le regard nébuleux, j'ai l'impression qu'ils sont un peu perdus, les uns mélangés aux autres. Cette visite est pour moi très émouvante. Il y a tant d'abnégation de la part de ce maître d'école au regard des moyens mis à sa disposition et du résultat escompté à l'échelle du pays pour un village retiré comme El Beyed. Je ne peux m'empêcher de faire un parallèle avec nos exigences d'éducation et les moyens s'y rattachant, sachant que dans ce domaine, l'essentiel devrait être d'élever le niveau et non de l'affaiblir, voire de le lobotomiser. Après cet intermède scolaire, nous allons prendre le thé chez Yeslem, le gardien du musée et chef du village. Nous sommes accueillis par sa fille Dija et ses trois frères Hamed, Chighali et M'hamed. Yeslem arrive, nous propose des dates sèches qu'il lance sur le tapis pendant que Dija nous prépare les trois thés. Nous resterons 1h30 sous cette tente à observer les différentes personnes présentes, leur mode de vie et surtout leur lieu de vie. Leur khaïma, contrairement à la nôtre, qui est une khaïma de bivouac, est installée autour d'une structure de bois enfoncée solidement dans le sable. D'ailleurs, à l'intérieur, nous ne ressentons aucune agitation, presque aucun bruit lié à la tempête. La disposition des khaïma est régie par des règles précises, toutes les tentes sont espacées et s'ouvrent dans la même direction, vers le sud-ouest, pour se protéger des vents chauds et des tempêtes de sable. Cette organisation n'échappe pas à ce village dont certaines structures administratives sont construites en « dur ». Nous rentrons au bivouac vers midi, accompagnés de Jacques J. qui nous raconte ses anecdotes sur El Beyed, qu'il connaît bien. Aujourd'hui, le repas est frugal. Après une entrée, qui est très inhabituelle depuis notre départ, à base de concombres, maïs et tomates, Haïba nous sert un plat composé de chèvre, tuée le matin même, des galettes de pain imbibées de la sauce de cuisson et des petites pommes pour terminer le repas. Cette délicate attention de nous servir de la viande pour la première fois depuis notre départ ne restera pas, pour ce qui me concerne, un grand moment de plaisir culinaire, je retiens néanmoins cette gentillesse de vouloir nous faire partager une recette locale. L'obligation de tout préparer rapidement est certainement à l'origine de ma déception. Je retiens néanmoins cette délicate attention qui prouve que les Mauritaniens sont des hôtes d'exception. Aujourd'hui, le repas est plutôt frugal, empreint d'une certaine originalité. Après une entrée peu commune depuis notre départ, préparée avec des concombres croquants, du maïs et des tomates juteuses, Haïba nous sert avec soin un plat principal, cuit à la cocote minute, composé de chèvre, abattue le matin même. Ce plat est accompagné de galettes de pain, délicatement imbibées de la sauce de cuisson riche en saveurs, et se termine par une touche sucrée avec de petites pommes. Bien que cette délicate attention de nous servir de la viande pour la première fois depuis notre départ soit appréciable, je dois avouer que cela ne s'est pas transformé en un grand moment de plaisir culinaire pour moi. La gentillesse d'Haïba à nous faire partager une recette locale est évidente, mais je pense que la nécessité de tout préparer rapidement a freiné l'expression des saveurs que j'espérais. La chèvre, bien que fraîche, aurait peut-être gagné à mijoter un peu plus longtemps pour en rehausser la tendreté et les arômes. Cependant, je choisis de retenir cette délicate attention, car elle est révélatrice de l'hospitalité légendaire des Mauritaniens. Leur générosité et leur désir de partager ce qu'ils ont, même dans des conditions modestes, témoignent de leur caractère chaleureux et accueillant. Au-delà de la gastronomie, c'est cette connexion humaine qui rend notre expérience si précieuse. Jacques J. nous convie à déguster un café dans son camion, et ce moment se révèle être une bulle de détente, où je me laisse emporter par ses fascinants récits de vie en mode VanLife, notamment en Mauritanie. À l'écoute de ses histoires, je me sens comme un enfant captivé par un spectacle, savourant chaque mot et rêvant de vivre un jour cette aventure en van. Après une heure et demie passée à l'écouter, il annonce qu'il doit se rendre à Chinguetti, un lieu où nous avons prévu de le retrouver. De retour au campement, le vent souffle toujours aussi fort, rendant le sable omniprésent dans notre quotidien à tel point qu'il se glisse dans nos vêtements, nos sacs, nos chaussures, et parfois même dans nos gourdes, si fin qu'il parvient à se faufiler dans les mailles des fermetures éclair. Pour moi, cette expérience dépasse toutes mes attentes. Nous ne nous pas simplement des touristes promenés à travers le désert, nous sommes profondément engagés et impliqués dans cette aventure, même lorsque les conditions se révèlent parfois rudes. Pourtant, l'ambiance reste chaleureuse et conviviale. Je suis fier de faire partie de cette expédition, entouré de mes compagnons de route, et je ressens une immense satisfaction à voir Maryse toujours prête à continuer l'aventure. Alors que le crépuscule s'installe sur cette dixième journée, nous sommes au milieu de notre périple, ayant déjà contourné la pointe Est de l'œil de l'Afrique. En examinant la carte que Jacques déplie, nous comprenons que nous allons modifier notre orientation pour prendre un cap à l'Ouest, presque jusqu'à Chinguetti. Cette nouvelle direction éveille en moi une vision d'un paysage totalement différent, promettant un parcours moins sablonneux et plus varié. Je me mets à imaginer les contrastes de couleurs et les textures que nous pourrions rencontrer en chemin, et l'excitation monte à l'idée d'explorer de nouveaux horizons. Il est maintenant 20h00, et les rafales de vent sont à la fois étourdissantes et capricieuses. Nous choisissons de placer notre couchage le plus loin possible de l'ouverture de la kaïma, dans l'espoir de trouver un peu de calme pour s'endormir. Alors que la nuit enveloppe maintenant le paysage, nous partageons quelques mots, échangeant nos pensées sur cette journée riche en découvertes, essayant de nous distraire des turbulences du vent. Peu à peu, un sentiment de sérénité s'installe en moi, enveloppant mon esprit comme pour m'embarquer dans un rêve. Je me laisse happer par la danse hypnotique des flammes dans cette profonde obscurité perturbée par leurs lueurs vacillantes. Chaque crépitement du feu accompagne ces instants en approfondissant cette détente réconfortante. Espérant que cette quête de tranquillité m'offre le sommeil réparateur dont j'ai tant besoin, je ferme les yeux et me laisse porter par le flot de mes pensées. Les images de la nature défilent devant moi. Dans ce décor idyllique, je me sens en harmonie avec le monde, chaque élément vibrant d'une énergie paisible. Je m'enfonce davantage dans cette méditation du sommeil, les désagréments du quotidien s'estompent lentement, laissant place à une profonde gratitude pour ces moments de calme. Les pensées qui me traversent se dissipent peu à peu, et je me sens de plus en plus léger, presque flottant. Dans cette communion avec la nature, je trouve un refuge où l'énergie peut se recréer, prête à accueillir un nouveau jour. Je réalise combien le sommeil réparateur est essentiel, un véritable élixir qui regénère non seulement le corps, mais aussi l'esprit. Alors que je m'enfonce encore plus dans ce sommeil régénérant, je sais que je me réveillerai plus frais, revitalisé, prêt à accueillir tout ce qui m'attend .

Le 24 janvier 2024 - 11ème jour
De EL BEYED à TAZAZMOUT ES-SGHIR

La nuit a été mouvementée sous la khaïma ballotée par le vent. Sa structure avait été renforcée par de gros blocs de pierre, car pour pouvoir cuisiner, Haïba a séparé sa surface en deux parties, une « couchage et repas » que nous occupons et l'autre réservée à la cuisine. Après cette journée off, réveil à 5h45 pour un petit déjeuner à 6h30. En plus des traditionnels café, thé, crêpes, confiture, c'est avec du jus d'ibiscus que nous finirons ce premier repas de la journée. Nous partons vers 7h30, un peu avant la caravane qui prendra un autre chemin dans la première partie du parcours. En effet, Haïba nous propose un raccourci de quelques km et dans ces conditions météo, nous sommes tous d'accord pour grimper au sommet du plateau par un tortueux chemin recouvert de pierres et de rochers que les dromadaires ne peuvent pas emprunter. Le dénivelé est important, nous sommes poussés par un vent fort et rapidement nous nous retrouvons sur un plateau immense balayé par les rafales qui soulèvent le sable. Ce paysage est magnifique, lunaire, on aperçoit à peine la vallée vers laquelle nous nous dirigeons maintenant. La descente est tout aussi accidentée que la montée, la concentration est à son maximum, d'autant que la visibilité se réduit à mesure que la force du vent augmente. Un brouillard de sable s'étend sur l'horizon, nous privant du même coup du spectacle des dunes qui se déplacent au gré de la tempête. Soudain, Haïba décide de bifurquer plein Nord. J'ai l'impression qu'il veut aller vers un point précis, ce qui paraît être le cas quand nous arrivons devant une khaïma fermée. Quelques chevreaux sont barricadés derrière des branchages, des chèvres sont en liberté autour de la tente. Peu après, un nomade apparaît, surgissant de nulle part, seul Haïba ayant réussi à le repérer à travers cette brume de sable. Les deux hommes échangent quelques mots, ces instants sont d'une grande importance, car ils permettent de maintenir un réseau d'informations vital, facilitant la communication entre les villages et les campements isolés. Ces rencontres servent également à partager des nouvelles concernant la localisation des dromadaires marqués qui errent en liberté. J'imagine les histoires qui se cachent derrière ces rencontres éphémères et la richesse des liens qui unissent ces nomades. Après cet échange, nous reprenons notre marche, notre orientation change une fois de plus. Nous mettons le cap Nord-Est pendant quelques km pour revenir plein Ouest ensuite, ce qui nous conduit devant une khaïma habitée par une femme qui nous propose du lait de chamelle. N'étant pas friand de ce genre de boisson, je passe volontiers mon tour, Maryse aussi. Cette nomade apprend à Haïba que notre caravane est devant nous de 25 minutes au moins. Nous sommes partis avec l'idée de prendre un raccourci par rapport à la route des chameliers et quelques heures après notre départ, nous sommes derrière eux. Je reconnais que la visibilité peut rendre l'exercice d'orientation difficile. Quoi qu'il en soit, ce moment que je vis dans le désert est unique et inoubliable, ce sable qui vole en balayant le terrain et bouchant l'horizon révèle une atmosphère déroutante et étrange qui nécessite de rester groupé autour du guide. C'est la première fois depuis notre départ que je souffre d'un pied, car mes chaussures sont trempées, une guerba pleine (outre du désert) s'est vidée dessus pendant la nuit et le frottement du sable sur les chaussettes mouillées commence à sérieusement irriter la peau. Je finis par marcher pieds nus dans le sable, Maryse m'imite, car ses chaussures se remplissent de sable et alourdissent ses pas. Nous sommes au 23ème kilomètre, et il nous reste encore environ une heure avant d'atteindre le bivouac. Je me trouve aux côtés de Maryse, qui a maintenant « plongé dans le dur » depuis quelques kilomètres. Je reconnais aisément cet état par le silence qui s'est installé entre nous et son désintérêt momentané pour le paysage traversé. Ses pensées semblent lointaines, et je peux ressentir une fatigue palpable dans son regard. En dépit de la beauté du décor qui nous entoure avec ses dunes dorées, Maryse paraît absorbée par ses propres réflexions. Je lui jette quelques coups d'œil, désireux de lui offrir du soutien, mais je comprends qu'elle doit traverser cette étape seule. Je décide donc de respecter son espace tout en restant présent à ses côtés. Arrivés au bivouac, nous installons rapidement la tente afin qu'elle puisse se reposer. Elle est très incommodée, d'ailleurs elle se lave légèrement et s'endort jusqu'à 18h00, elle ne prendra aucun repas de la journée. Notre bivouac est installé autour d'un acacia géant qui nous abrite du vent à tel point que l'on oublie que la tempête sévit encore. C'est le moment que nous choisissons pour nous allonger sur la natte couverte de petits matelas pour profiter d'un repos bien « gagné ». La soirée est calme derrière cet acacia, nous prenons notre repas sans Maryse qui dort toujours.

Le 25 janvier 2024 - 12ème jour
De TAZAZMOUT ES-SGHIR à HASSI LRABA

La manière dont était orienté notre bivouac nous a permis de passer une très bonne nuit. Ce matin, Maryse est en meilleure forme, bien qu'elle décide de ne pas prendre de petit déjeuner. La prudence est une vertu qu'il est bon de se rappeler et d'appliquer dans cet environnement qui peut nous malmener rapidement. Nous partons vers 7h30, mes compagnons de voyage sont prêts pour cette nouvelle journée, sachant que Jacques, qui est souffrant depuis le départ, prend sur lui pour rester dans le groupe. Le vent s'est calmé, on aperçoit les reliefs côté dunes et côté massif. À notre droite, nous longeons l'erg de Maghteïr, un paysage minéral à couper le souffle qui s'étend à perte de vue. Les formes sculptées par le vent et le temps ont créé une toile de textures et de couleurs fascinantes, où les nuances de beige et de brun se mêlent pour donner vie à ce désert majestueux. À notre gauche, le Guelb er Richat, avec ses cercles concentriques emblématiques, s'élève comme un monument naturel, ajoutant à la grandeur de ce décor. Le contraste entre ces deux décors naturels est saisissant, et je me demande quelles histoires ces lieux peuvent raconter. Je partage ce moment avec mes compagnons de route, sentant que nous faisons partie intégrante de cet environnement majestueux. Pendant quelques kilomètres, nous sommes à l'abri du vent qui se lève légèrement, mais finalement pas pour très longtemps, puisqu'il se renforce jusqu'à reprendre la vigueur d'une tempête, pour laquelle nous estimons sa vitesse aux alentours de 90 km/h. Notre progression est plus lente, des bourrasques de sable viennent nous fouetter le corps d'un côté, y compris le visage. Après environ 1h00 de pénible marche, nous arrivons à un village de plusieurs cases et khaïma. Les cases sont destinées à la conservation de certains aliments et servent de remises pour les différents objets du quotidien. L'intérieur de la khaïma dans laquelle nous sommes invités est splendide, les tapis et tissus qui la décorent sont tendus sur une structure de bois enfoncée solidement dans le sable. Bien que la tempête de sable ne faiblisse pas, tout est calme à l'intérieur, rien ne bouge, c'est un endroit magique au milieu du désert où habite une famille composée de deux femmes, un homme, deux jeunes filles et un bébé. Une des femmes prépare le thé, l'homme nous propose des dates séchées et quelques arachides. Non loin, une autre femme s'est éloignée pour chercher une bassine remplie d'objets à vendre. À son retour, elle présente une collection hétéroclite : des bifaces, des pointes de flèche, des pierres taillées aux formes variées et aux couleurs éclatantes, ainsi que des colliers et des bracelets ornés de gemmes colorées. Chacun de ces objets raconte une histoire, et je me sens attiré par l'idée d'emporter un souvenir de cette expérience unique. Au milieu de ces échanges, une femme nomade propose

à Haïba de nous prêter une khaïma située près de notre bivouac pour la nuit. À cette annonce, un sentiment de joie et de soulagement émerge parmi nous. Savoir que nous pourrons nous abriter des tempêtes de sable derrière une structure solide nous réconforte et nous rassure. Pour ces nomades habitués à évoluer sur ce terrain ensablé, il suffit de 45 minutes pour atteindre un puits, ce qu'ils font très régulièrement dans la semaine, alors que nous mettrons 1h15 pour la même distance. Il nous reste environ 1h30 pour atteindre le campement où nous arrivons quelques minutes avant la caravane. Cela nous laisse le temps d'identifier la tente qui nous servira d'abri pour la nuit. Elle est très grande, propre et surtout bien isolée des rafales et autres tourbillons de sable que nous subissons toute la journée. La caravane arrive enfin et Dah refuse que nous utilisions cet abri comme bivouac, au motif qu'il n'y a pas de nourriture suffisante pour les dromadaires aux alentours. Très déçus, nous reprenons nos sacs à dos et suivons les chameliers qui établissent le campement aux pieds de quelques acacias, pour le plus grand plaisir de nos camélidés. Après avoir déchargé les dromadaires, nous installons notre natte et ses petits matelas pour apprécier un moment de détente autour d'un bol de pâtes aux légumes. Le vent se calme, nous en profitons pour rejoindre un puits qui est visible depuis le bivouac. Il s'agit d'un trou profond d'une vingtaine de mètres, surmonté d'une chèvre en bois et matérialisé par un pneu pour protéger son contour. C'est l'heure du grand lavage, nous sommes tous les cinq réunis autour pour faire notre lessive et aussi notre toilette. Comme à chaque fois, c'est un grand soulagement dans la journée. Le tracé de ce trek, basé sur la route des puits, justifie notre complète autonomie et plus encore, puisque depuis notre départ, ces puits sont une source de stimulation. Notre linge est pendu sur le grillage qui entoure une palmeraie, il faudra quelques minutes seulement pour qu'il sèche. J'ai l'impression que nous cherchons en permanence à retrouver notre confort : pour dormir, pour se laver, pour avoir notre linge propre, pour manger même, tout doit être sous contrôle dans ce domaine. Inconsciemment, nous revenons vers nos habitudes de vie en oubliant peut-être que nous sommes ici aussi pour lâcher prise avec notre quotidien. C'est lorsque je regarde nos trois chameliers vivre ce trek que je me rends compte que je suis « câblé » confort, alors même que dans la journée nous côtoyons, voire expérimentons l'inconfort d'une marche sous la chaleur dans un sable mou ou un pierrier sur lequel sont éparpillés des rochers coupants. C'est un sujet sensible que nous ne partageons pas avec le même regard, Maryse et moi, tant notre vision du confort est subjective et que son engagement dans cette aventure est complet. Ce soir, nous décidons de changer de configuration dans la tente, nous nous installons, Maryse et moi, près de la cuisine, au bord de l'ouverture de la khaïma. C'est de cet endroit que j'admire le balai incessant des chameliers qui vont et viennent autour du feu. Ce qui me surprend, c'est la souplesse avec laquelle ils se lèvent, s'accroupissent les jambes croisées, se mettent à genou, s'allongent sans utiliser leurs mains. Quand ils servent le thé, ils tiennent la théière, le plateau de verres et réalisent un service sans effort en s'accroupissant. Si je suis admiratif de leurs conditions physiques, c'est qu'ils ont tous les trois plus de 55 ans. Après notre traditionnelle chorégraphie autour de la tente pour le brossage de dents, je rejoins mon sac de couchage, mais ce soir, je rencontre quelques difficultés pour m'endormir, car c'est la pleine lune. Le ciel est tellement éclairé et je n'ai pas « l'interrupteur » pour éteindre la lumière. Petit à petit, la rougeur du feu des chameliers s'estompe, je trouve le sommeil vers 23h00.

Le 26 janvier 2024 - 13ème jour
De HASSI LRABA à ARHMAKOU

Aujourd'hui, réveil agité, j'ai très mal dormi, des douleurs dans le bas du dos me tiraillent. J'imagine qu'elles vont s'estomper durant la marche car elles sont certainement dues à une mauvaise position durant la nuit. Ça tombe bien, l'étape du jour est plus longue qu'hier de 6 km et cette touche d'ironie n'y changera rien. Comme souvent le matin, les dunes sont flamboyantes au lever du soleil. Nous profitons quelques minutes chaque jour de ce spectacle changeant qui me débarrasse de cette sensation de léthargie provoquée par des nuits de sommeil léger. Nous partons vers 7h30, après avoir positionné nos panneaux solaires sur les dromadaires. L'installation est précaire, elle tient avec des bouts de ficelles, mais jusqu'à maintenant, les résultats obtenus sont très satisfaisants et ce qui compte avant tout, c'est l'efficacité, non l'esthétique de l'installation. Nous progressons plein sud face au soleil sur un terrain sablonneux qui alterne avec des passages de cailloux et de rochers. Nous marchons, groupés autour de Jacques qui avance comme si tout allait bien, alors que son état de santé l'éreinte. Comme depuis notre départ, je profite du faible dénivelé pour tester des modèles de respirations qui m'ont servi jusqu'à présent lors des phases de récupération. Je suis rapidement prêt à repartir sans ressentir de courbatures ou de lourdeurs dans les jambes. C'est une expérience que je souhaitais absolument vivre sur la durée et ce trek m'offre cette opportunité, pour me rendre compte de la puissance de notre système respiratoire et de la manière dont on peut favoriser une meilleure oxygénation. Notre objectif du jour est de se rapprocher au maximum de l'entrée du canyon d'Akmakou. Nous sommes tous impatients d'atteindre ce bivouac. La température est de 27°, le paysage est surprenant car malgré les dunes sur notre droite et les crêtes du plateau de l'Adrar sur notre gauche, il est continuellement changeant, ce qui nous permet de découvrir d'autres aspects du désert et notamment des petites oasis qui refleurissent ces zones désertiques grâce à la végétation vivante autour des palmiers/dattiers. Nous en sommes ravis. Ces petits îlots de verdure annoncent en général la présence de puits qui sont, depuis notre départ, nos emplacements de convoitise. Pour l'heure, notre bivouac est encore à plusieurs kilomètres. La température se maintient autour des 28°, le vent a faibli, ce qui augure d'une nuit calme sous la khaïma. Lorsque l'on évoque le désert, les images qui viennent rapidement à l'esprit sont généralement des dunes de sable à perte de vue, associées à une chaleur étouffante, et bien force est de constater que cette monotonie visuelle n'est pas courante dans cette partie de la Mauritanie. Nous sommes maintenant gratifiés de magnifiques spécimens de Calotropis, cette plante, dont les fleurs ne sont pas comestibles, qui est aussi appelée Le Pommier de Sodome et qui agrémente par endroits notre parcours desséché d'une touche façon jardin botanique. C'est une manière élégante de détourner notre attention des conditions arides de ce désert. Nous arrivons à notre campement. C'est une délivrance pour Jacques qui s'allonge sur les matelas pour soulager sa respiration pilonnée par une forte toux. Maryse et moi décidons d'accompagner Mohamed Mahmoud au puits pour faire boire les chameaux. Notre arrière-pensée est aussi de pouvoir nous laver, mais comme il y a quelques jours sur un autre puits, la pompe ne fonctionne pas. L'installation des panneaux solaires est mal entretenue, les câbles sont coupés. Je suis frustré par le désintérêt qu'ont les nomades pour ces installations qui leur facilitent l'accès à une ressource indispensable à leur survie, surtout quand on sait qu'il leur faut parfois 1h00 de marche pour remplir quelques bidons d'eau. Leur détachement du monde matériel est un critère important de leur vie nomade, car ils doivent pouvoir vivre dans ce milieu parfois hostile sans une forte mécanisation qui pourrait potentiellement, si elle ne fonctionne plus, les mettre en danger, notamment pour puiser de l'eau. Notre soirée s'annonce très détendue autour d'un acacia géant. Cet arbre, qui est la base de nos bivouacs, permet aux dromadaires de trouver leur nourriture favorite dans le désert. Ce soir, leurs pattes avant ne sont pas entravées car c'est le seul endroit où ils peuvent manger. D'ailleurs, ils vont ruminer une bonne partie de la nuit autour de la tente en brisant ce silence qui était devenu pour nous familier et reposant. La nuit est très étoilée, mon couchage est installé près de la grande ouverture de la khaïma. Je profite de ce spectacle, car le moment est idéal, la fraîcheur des températures nocturnes m'incite à veiller. Ce tableau naturel est généreusement accessible et ne nécessite aucune connaissance préalable. Seule la curiosité est la clé du plaisir. J'identifie des motifs formés par les étoiles. Les émotions sont intenses, car sans aucune pollution lumineuse, ce panorama animé par des petits scintillements est parfait. C'est une nuit douce mais fraîche, car vers 1h00, la température chute rapidement. Je m'enfonce dans le sac de couchage, mes pensées sont éclairées par les belles images de la journée.

Le 27 Janvier 2024 - 14ème jour
De ARHMAKOU à IBTHROU « REOULA »

Après le petit déjeuner, Francis, Jean Pierre et moi plions la
tente, c'est un exercice que l'on peut maintenant réaliser sans les
chameliers. Nous remplissons les deux guerbas de 10 litres d'eau
et y ajoutons les comprimés de Micropur (1/litre) afin que l'eau
soit disponible à la consommation à notre arrivée au bivouac.
Nous partons vers 7h30, notre objectif de la journée est de traverser le canyon d'Akmakoume, de monter sur le plateau de
l'Adrar pour bivouaquer. Pour l'heure, nous devons atteindre
l'entrée de ce canyon à travers ce magnifique oued qui est bordé
sur la droite par des palmeraies qui offrent une belle étendue de
verdure au milieu de cette montagne de rochers et le plateau du
Guelb er Richat sur notre gauche. Le vent se remet à souffler assez fort, les rafales de sable nous fouettent le dos mais n'empê-
chent pas notre progression, d'ailleurs le paysage est de plus en
plus beau ce qui compense largement le faible désagrément causé
par le vent. Après avoir longé ces palmeraies, l'entrée du canyon
se dessine sous nos yeux, nous quittons les dunes pour avancer
entre les deux plateaux qui se resserrent à l'horizon. La chaleur
monte au fur et à mesure que l'on avance, nous sommes sur un
terrain rocheux dans la fournaise de ce désert de pierres, notre
progression devient plus lente et Jacques peine à suivre le rythme,
sa bronchite l'empêche d'utiliser toutes ses capacités respiratoires.
Notre groupe se divise dans le canyon avec Haïba qui ouvre la
marche et nous qui le suivons à notre rythme en respectant des
pauses pour boire ou pour prendre un peu d'ombre au pied d'un
acacia. Ce qui est formidable dans cette équipe, c'est que personne
ne se plaint des conditions de marche ou de la fatigue, notre vision de l'environnement est plus accaparante que les circonstances dans lesquelles nous évoluons. Notre endurance à supporter cette situation réside dans l'acceptation du moment présent
sachant que chaque pas nous amène un peu plus vers la découverte de qui nous sommes sans que les éléments extérieurs ne

soient réellement une source de perturbation. Les 12 premiers jours sont là pour nous rappeler notre capacité à intégrer tous ces paramètres sans pour cela remettre en cause notre détermination

à rejoindre Chinguetti. Jacques est, à ce titre, notre porte-drapeau tant son état de santé augmente les difficultés rencontrées sur le terrain et pourtant sans jamais s'apitoyer d'être dans cette situation, bien au contraire, sa bonne humeur est contagieuse à tout le groupe. Il nous faudra plusieurs heures pour traverser le canyon et arriver au pied du plateau dont nous distinguons au loin les méandres du chemin qui se dessinent jusqu'au sommet ce qui en dit long sur le dénivelé qui nous attend. J'attends régulièrement Maryse car je porte sa gourde d'eau, je suis ravi de constater qu'elle est en pleine forme et toujours souriante face aux différentes épreuves à supporter, je pense souvent, peut-être à tort, que peu de femmes auraient entrepris un tel périple dans ces conditions. Finalement, l'ascension est plus simple qu'il n'y paraît, le chemin pierreux qui empêche le passage de véhicule quel qu'il soit, est jonché d'ossements de dromadaires. Au sommet dont le relevé indique 580m d'altitude, nous décidons de faire une pause pour permettre à tout le groupe de souffler et admirer cette ligne rocheuse d'une beauté époustouflante organisée naturellement comme des orgues pour former ce canyon d'Akmakoume. Nous repartons pour environ 2h30 sur ce plateau aux blocs de pierre coupants qui nous obligent à une grande vigilance pour poser les pieds sur le sol d'autant que la fatigue est présente, nous préférons avancer en file indienne pour bénéficier des traces du prédécesseur. Nous apercevons une petite forêt d'acacias qui indique que notre bivouac n'est pas loin, mais comme la caravane n'est pas encore arrivée car pour cette étape, les chameliers ont pris une autre piste, Haïba accroche son chèche à un arbre, façon Tintin au Tibet, pour leur signaler notre présence. C'est sous un acacia géant qui offre plus d'ombre qu'il n'en faut que nous patientons avant l'arrivée de nos dromadaires, soulagés de savoir que cette journée de marche touche à sa fin. À leur arrivée, nous sommes tous à l'œuvre pour décharger la caravane et préparer notre campement. Il n'est plus nécessaire de nous indiquer les tâches à accomplir pour installer la khaïma, remplir les guerbas, étaler la natte et ses matelas, c'est un automatisme que nous avons intégré et qui s'améliore au fil des jours. Nous aidons Jacques à s'installer sous la tente, son état de santé s'est détérioré, ses respirations sont ponctuées par des quintes de toux exténuantes. Pour la première fois depuis notre départ, son état nous préoccupe. Haïba nous sert la quotidienne assiette de dates sèches, petits gâteaux secs et arachides pendant qu'il nous prépare un plat de légumes à la cocotte-minute. C'est en général le moment que nous consacrons à l'écriture du journal de voyage pour certains, à du repos ou des soins pour les autres. Mohamed Mahmoud nous sert le thé alors que le bivouac est pratiquement endormi. La poussière, les conditions de marche, le sable qui encrasse les pores de la peau et la chaleur ont affaibli les organismes. Pourtant, au cœur de cette fatigue, le rituel du thé nous réveille doucement, comme un écho des traditions ancestrales du désert. Dans ces contrées arides, le thé est bien plus qu'une simple boisson ; c'est le symbole du vivre ensemble. Chaque tasse préparée avec soin est une invitation à partager des histoires, à tisser des liens et à célébrer la camaraderie. Mohamed Mahmoud, en versant le thé avec une grâce presque cérémonielle, perpétue un héritage que les nomades entendent bien transmettre de génération en génération.

Ce rituel, souvent accompagné de dattes ou de pain traditionnel, est un moment sacré où les soucis s'évanouissent, les potentielles tension s'estompent et l'on se connecte alors à la terre et à son peuple.

À mesure que la nuit avance, le ciel étoilé se déploie au-dessus de nous, comme une toile infinie, rappelant l'immensité du désert et la petitesse de nos préoccupations. Dans ce havre de paix, nourris par le thé et l'amitié, nous redécouvrons la force de la communauté et la beauté des traditions qui nous unissent. À la tombée de la nuit, Haïba part à la rencontre de Mahmoud que nous n'avons pas revu depuis notre départ de Ouadane, il doit lui apporter un peu de ravitaillement notamment des fruits et quelques légumes pour pouvoir finir le trek. Dah surveille sa progression aux jumelles car le point de rendez-vous est a priori approximatif. Peu de temps après, Dah aperçoit un 4X4 qui approche du campement. Mahmoud, un cuisinier et Jacques J. sont venus nous rendre visite pour apporter des provisions et passer la soirée avec nous. Immédiatement, le bivouac se réveille, s'active autour de nos visiteurs car il s'agit pour nous d'une agréable surprise après cette journée harassante dans le canyon. Coca-Cola, dates fraîches, pain frais et agneau au repas changent complètement l'ambiance somnolente du groupe. Ces petites attentions dans cet environnement intransigeant qu'est le désert nous requinquent et dynamisent les derniers jours de notre expédition. Nous finirons la soirée à écouter les péripéties de voyage de Jacques J. en Mauritanie. Ce soir, le campement est animé, même les chameliers, plutôt discrets habituellement, sont accaparés par cette belle initiative inattendue et en formant un cercle autour du feu, ils se racontent leurs aventures ponctuées par des rires inhabituels pour nous. Nous nous endormons à la tombée de la nuit alors que dehors, autour du feu, les discussions s'éternisent.

Le 28 janvier 2024 - 15ème jour
De IBTHROU « REOULA » à DOUEÏRAT

La nuit a été calme, le réveil est léger, la soirée a marqué les esprits. Au petit-déjeuner, nous avons, en plus des habituels constituants, du pain frais ramené la veille de Chinguetti. Après notre légère toilette, nous fermons nos sacs et plions la khaïma. Il est 8h00, la caravane se met en route, je suis persuadé que la journée va être facile. Nous avançons rapidement sur un terrain stable et gravillonneux, nous parcourons 9 km en 2 heures, tout va bien, même si Jacques est un peu à la peine. Cet enthousiasme est de courte durée, le sol change de configuration, présentant une alternance de sable mou et de gros rochers qui ralentissent considérablement notre progression. Nous sommes sur le plateau de l'Adrar qui mesure environ 300 km de long sur 90 km de large à certains endroits. Pour ce qui nous concerne, nous avançons cap au sud-ouest sur un secteur accidentogène, surtout après 25 km. Pour nous, c'est une grosse journée de « cailloux », plus imprévisibles les uns que les autres, notre attention est requise en permanence. Le paysage est somptueux, je suis un peu frustré, comme depuis le premier jour, de ne pouvoir prendre le temps de préparer le matériel photo et vidéo que je porte. J'ai l'impression de voler mes clichés sans trop organiser mes cadrages et les paramètres de prises de vues. Je comprends maintenant la raison pour laquelle nombre de VanLifers consacrent beaucoup de leur temps aux shootings et vols de drone. Nous sommes maintenant à trois jours de notre arrivée à Chinguetti, et en tant qu'habitué à de longues journées de marche, je suis parfois troublé, gêné de ne pas avoir en tête notre parcours, le temps qu'il faut en moyenne pour rejoindre nos bivouacs, enfin toutes les informations relatives à la journée de randonnée et qui servent notamment à gérer notre consommation d'eau. Ceci étant, c'est un aspect qui fait partie du voyage et surtout des critères de canalisation de nos émotions, car elles varient rapidement en fonction des ressentis du moment présent dans ce milieu inhospitalier. Le paysage est toujours là pour éventuellement calmer mes agitations internes, et notamment notre arrivée sur Idweirat qui est magnifique. Un oued, qui nous servira de bivouac, est parsemé de beaux acacias parmi lesquels nous avons l'impression de traverser une palmeraie, tant l'ombre et la verdure y sont présentes. J'installe mes panneaux solaires sur un tas de gros rochers, car le soleil est encore bien présent. Sur notre natte couverte de matelas, nous sommes allongés tels des émirs autour de notre assiette de dates sèches, arachides et petits gâteaux. Les trois thés se succèdent à un intervalle de 15 minutes, j'ai l'impression que, depuis quelques temps, c'est une tâche qui est destinée à Mohamed Mahmoud. La température est de 25°, avec des pics à 28°. Comme hier, un 4x4 arrive, c'est de nouveau Mahmoud qui nous apporte de l'eau minérale en bouteille et quelques Coca-Cola frais. Sa présence deux soirs successifs nous indique que l'on n'est plus très loin de Chinguetti. Il nous ramène involontairement dans ce monde citadin que l'on avait presque oublié durant ces quinze derniers jours. Après cet intermède, nous partons au puits local, creusé au centre d'une petite palmeraie qui est protégée des animaux par une clôture en grillage que nous franchissons facilement. Des rigoles de terre canalisent l'eau du puits vers les plans de dattiers. L'installation est fragile et nous prenons toutes les précautions nécessaires pour ne pas entraver les canalisations de terre. Quel plaisir de pouvoir laver du linge et faire sa toilette sans restriction d'eau. C'est dans ces moments-là que je prends conscience de l'utilité d'un objet comme le robinet auquel je ne prête pas attention dans mon quotidien, et qui jaillit de mon esprit pour mettre en évidence la facilité déconcertante avec laquelle il apporte de l'eau. Marcher, certes, est une habitude, seules les conditions que le désert y ajoute exacerbent d'une part les moindres insuffisances ressenties par le corps et d'autre part les dépendances liées à nos confortables vies citadines.

Le retour vers le bivouac est très léger, nous nous sentons propres, délivrés pour un temps du sable. Nous avançons vers le campement dans cet oued d'acacias aussi beaux les uns que les autres. Il faut s'imaginer dans cet espace de verdure, perdu au milieu de cette immensité aux couleurs changeantes du désert. Notre bivouac est majestueusement disposé autour de ces grands arbres hauts qui nous baignent d'ombre en dépit de cette chaleur épuisante, accentuée par une réverbération intense. Les dromadaires, qui sont maintenant entravés par les pattes avant, se nourrissent inlassablement des feuilles et épines d'acacias. Ils se déplacent dans un calme processionnel avec cette régularité qui peut paraître nonchalante. Lors de ce trek, je découvre le mode de vie de cet animal particulièrement équipé non seulement pour résister à la chaleur, mais la forme de leur pied plat et mou, fendu à deux doigts, leur permet de supporter toutes les natures de terrain présentes dans le désert et surtout la marche dans le sable mou. Le bivouac est calme. Haïba est dans sa cuisine de fortune pour préparer le repas du soir, accroupi autour de ses ustensiles. On ne voit que sa tête couverte d'un chèche, émergée dans un contre-jour. Les chameliers, pour une fois installés à l'ombre, se reposent, leur visage marqué par les épreuves du voyage. Mouhamed, à genoux, en profite pour chanter ce que l'on pense être des prières, sa voix s'élevant doucement, ses paroles résonnent comme un murmure ancestral, évoquant la connexion profonde que ces hommes entretiennent avec leur terre et leur religion. À quelques mètres, Dah et Mohamed Mahmoud, également en position de prière, plongent dans une méditation silencieuse. Leurs mains, jointes avec ferveur, témoignent d'une dévotion sincère, tandis que leurs fronts frôlent le sable chaud, en signe d'humilité. Les rayons du soleil, filtrés par les acacias, créent un jeu d'ombres dansant autour d'eux, ajoutant à la beauté de ce moment sacré. Nous observons cette scène presque tous les soirs alors que nous sommes allongés sur notre natte, couverts de matelas pour nous protéger des rigueurs du désert. Dans ce cocon improvisé, nous ressentons une profonde admiration pour ces hommes qui, malgré la dureté de leur quotidien, prennent le temps de se reconnecter à leur spiritualité. Leurs chants et leurs prières nous rappellent la richesse de leur culture, et nous nous laissons emporter par l'atmosphère de paix qui règne autour de nous. À mesure que la lumière du jour s'estompe, laissant place à un ciel étoilé, nous nous perdons dans nos pensées, réfléchissant à notre propre chemin spirituel. Le murmure de Mouhamed devient une mélodie apaisante comme pour chuchoter des secrets du passé. Les étoiles, témoins silencieux de nos vies sont aussi inspirantes que le chant des chameliers. Dans cette ambiance presque magique, nous comprenons que le désert n'est pas seulement un lieu de passage, mais un espace de renforcement du lien que les hommes entretiennent avec leur communauté. Ce rituel nocturne devient alors une célébration de la vie, de ses défis et de ses beautés, nous rappelant que, même au cœur de l'aridité, la foi et la camaraderie fleurissent comme des oasis dans le désert. C'est pour toutes ces raisons que je ne me lasse pas de les vivre, même après 15 jours de ce nomadisme contemporain. Je profite tous les jours de ces instants pour contempler le soleil couchant sur les dunes et, pour l'occasion, derrière ces grands acacias, ce spectacle lumineux est sans pareil. Nous déplions la khaïma pour organiser notre couchage et, déjà, la fraîcheur descend sur nous alors qu'elle vient du sol. Le sable nous renvoie cette fraicheur que nous attendons maintenant tous les jours. Le vent est tombé, il règne une atmosphère apaisante, propice à une nuit calme et reposante.

Le 29 janvier 2024 - 16ème jour
De DOUEÏRAT à LIHREYTHATT

À l'aube de ce 16ème jour, notre troisième lundi dans le désert, le muezzin du petit village Doueïrat lance l'appel à la prière qui se prolongera jusqu'au lever du jour. C'est la première fois que nous sommes réveillés par des incantations monotones émises par un haut-parleur et qui résonnent dans tout l'oued qui forme un entonnoir de verdure entre les dunes et le plateau rocheux de l'Adrar. L'habituel petit-déjeuner est accompagné de fruits fraîchement livrés la veille par Mahmoud. Nous partons vers 8h00, cap sud-ouest vers Chinguetti. Après quelques centaines de mètres, le sommet de la dune nous offre un spectacle grandiose sur cet oued planté d'acacias posé au pied du plateau rocailleux par lequel nous étions arrivés la veille et maintenant balayé par le soleil. Les couleurs sont magiques, entre différentes teintes de vert, de jaune et d'orange. Nous quittons le terrain caillouteux pour le sable mou des dunes qui seront notre seul horizon pour toute la journée. Notre progression est lente. Après 1h00 de marche, nous avons parcouru moins de 1 km. Jacques est très fatigué, son état s'est stabilisé malgré cette bronchite et cette fièvre handicapantes. Il continue sans se plaindre, éternellement heureux d'être là dans ce désert qu'il affectionne. Nous enchaînons les dunes. Haïba nous demande de garder le cap au 225 pendant qu'il se rend dans un petit village pour faire préparer des dromadaires pour Dah et Mouhamed, qui les récupéreront vendredi à leur retour vers Ouadane où ils habitent. Après 1h30 à enchaîner les dunes, Haïba nous rejoint et, pour une fois, notre cap est correct. Nous sommes dans la bonne direction, que nous avons pointée en fonction de quelques arbustes alignés dans ce sable jaune à perte de vue. Parfois, je ressens une certaine lassitude à marcher sur ces lignes de crêtes qui s'enfoncent sous les pas, sans autre horizon que ces courbes modelées par les dunes. Haïba nous montre une série d'arbres à peine visibles qui marquent le repère de notre bivouac de ce jour. Il nous faudra plus de 2h20mn pour atteindre notre campement. C'est la magie du désert qui dessine un paysage dont les éléments lointains grossissent au rythme des pas, sans jamais se dévoiler vraiment. Nous attendons que Dah, tel un gestionnaire d'expédition, décide de l'endroit où nous installerons le bivouac. Nous effectuons les derniers kilomètres en suivant les dromadaires, dont je ne me lasse pas de voir la démarche légère et régulière qui leur donne cette allure souveraine dans ce décor épuré. J'ai l'impression qu'ils sont tous synchronisés sur le même cadencement que rien ne peut perturber, tant leurs pattes en forme de « raquette » leur permettent d'effleurer la surface du sable, comme en témoignent les traces peu profondes, larges et rondes qu'ils laissent à chaque pas. À recenser le nombre de camélidés en liberté dans le désert, ce mode de transport est encore très utilisé, bien que les villages soient aujourd'hui en partie ravitaillés par des véhicules.

Arrivés au bivouac, Jacques nous annonce qu'il souhaite rentrer à Chinguetti ce soir. Son état de santé ne lui permet plus d'avancer, il est trop faible, manque d'énergie, sa toux est de plus en plus forte. On imagine bien une déficience en oxygénation qui le handicape fortement. 1h30 après avoir pris sa décision, un 4X4 arrive, la nuit tombée, à notre campement. Nous avons pu suivre, en fonction de l'orientation des dunes, à la lumière des phares, la progression du véhicule. Incroyable cette orientation dans la nuit, avec pour seul repère des crêtes de dunes, quelques arbres et, dit-on, les étoiles. Il est 21h00. Jacques monte dans le 4X4, nous le retrouverons à l'auberge l'Eden de Chinguetti dans 2 jours. Après notre maintenant traditionnel plat de légumes arrangé façon Haïba, les chameliers et lui partent en même temps vers un village pour rencontrer d'autres nomades et, comme nous l'apprendrons le lendemain, ils y vont pour acheter des dromadaires. C'est ainsi que nous nous retrouvons pour la première fois à quatre au campement. Après 16 jours dans le désert, nous sommes maintenant familiarisés avec ce mode de vie et les bivouacs associés. Les esprits sont plutôt tournés vers l'état de santé de Jacques, nous faisons une brève allusion au fait que c'est la bonne décision et qu'elle aurait certainement dû être prise avant. Je ne sais pas si c'est à cause de ce contexte particulier, mais j'ai du mal à trouver le sommeil. J'ai la fausse impression qu'avec la fin proche de ce parcours, la caravane se disloque, qu'il y a moins d'attention qu'au départ. Nous avons certainement changé de statut, nous sommes passés de touristes en quête du désert à apprentis nomades. C'est bien sûr une pensée qui effleure mon extravagante imagination manipulée sur le moment par tous ces éléments perturbateurs. Je m'enfonce complètement dans le duvet, il est 1h00, la température a brutalement chuté pour se stabiliser autour de 8°, je contemple ce magnifique ciel étoilé tout en changeant mon mode de respiration pour me détendre et m'isoler du monde extérieur.

Le 30 janvier 2024 - 17ème jour
De LIHREYTHATT à EL ROYEB

Finalement, la nuit a été réparatrice, le réveil à 6h00 par cette fraîcheur me convient, je suis en forme pour cette petite journée de
marche. Au moment du petit déjeuner, nous avons une pensée
pour Jacques qui est à l'initiative de ce trek et, comme en 2015, il
doit rentrer plus tôt à cause de son état de santé. Haïba et les
chameliers sont rentrés vers 2h00 du matin après que Mouhamed
ait acheté un dromadaire. Malgré la courte distance de cette étape,
rapidement, le terrain s'annonce très vallonné, avec des dunes de
sable mou. Notre progression est lente sur les premiers km, le
paysage nous offre toute sa beauté, le dessin des vagues de sable
est splendide, les lignes sont régulières et les ombres apportent les
nuances de couleurs que seule cette immensité, profilée par le
vent, peut dévoiler. On sent que la fin du trek approche, même
Haïba, qui nous avait montré jusqu'alors une sorte de retenue,
achète un dromadaire au téléphone en marchant. Le désert ne ta-
rit pas la motivation des Mauritaniens, d'ailleurs, les nomades forment un excellent réseau de bergers qui informent les proprié-
taires sur la localisation de leurs dromadaires. Ce réseau est
efficace grâce à ses règles de fonctionnement que chacun res-
pecte. Lorsqu'un nomade recherche un ou plusieurs dromadaires
de son cheptel, il en informe la communauté lorsqu'il croise un
autre nomade et, de cette manière, par le bouche-à-oreille, l'information est diffusée partout localement. Lorsque l'animal est re-
péré, il est amené à son propriétaire par le nomade qui l'a trouvé,
s'ensuit une transaction en fonction de la qualification du propriétaire. Dans cette vaste étendue de liberté pour les dromadaires,
les chamelles partent seules et reviennent souvent avec un cha-
melon, c'est tout un bénéfice généré par la nature pour les nomades. Les moyens de communication actuels apportent une
forme de simplicité puisqu'ils permettent de transmettre à l'ensemble du groupe la photo du dromadaire recherché. C'est le
WhatsApp des sables. Notre parcours continue à travers les dunes

de sable mou que nous avons maintenant à perte de vue, seuls quelques acacias perdus dans cette immensité nous offrent de l'ombre à 27°. Ce soir sera notre dernier bivouac, mais avant d'y arriver, il nous reste 3 km à faire pour rejoindre, derrière les dunes, une oasis d'acacias et de palmiers. Nous installons pour la dernière fois la khaïma, les chameliers allument le feu pour préparer le thé. Après le traditionnel bol de légumes servi vers 15h30, Maryse et moi accompagnons Mohamed Mahmoud au puits pour faire boire les dromadaires. L'installation est magnifique et fonctionnelle, une pompe immergée dans un puits alimente successivement trois bassins, sachant que le dernier se déverse dans la palmeraie. Je suis surpris de constater que les dromadaires ne boivent pas autant que je l'aurais imaginé, d'autant qu'ils ne se sont pas abreuvés depuis plusieurs jours. C'est à mon tour de conduire les chameaux pendant que Mohamed Mahmoud rebranche les tuyaux de la pompe du puits. De retour au campement, nous avons la surprise d'y trouver les deux Jacques qui sont venus avec Mahmoud en 4X4 agrémenter cette dernière soirée de bivouac. Pour la circonstance et comme nous sommes à nouveau tous réunis, une bouteille de champagne, notre symbole de partage et de convivialité, est ouverte pour couronner ce magnifique trek qui prendra fin demain à Chinguetti. Ce champagne dans le désert nous offre un moment important et exaltant de notre voyage, car totalement invraisemblable avant notre départ, inouï dans le contexte d'un pays comme la Mauritanie, et très unificateur de ce groupe hétéroclite qui s'est uni en marchant. Il est 21h00 quand les deux Jacques et Mahmoud repartent à Chinguetti. Pour cette dernière nuit face aux étoiles, c'est un mélange de fierté, de satisfaction et de plaisir qui m'envahit, car je prends de plus en plus conscience de cette pensée bouddhiste qu'il est important de désirer ce que l'on a et non envier ce que l'on n'a pas.

Le 31 janvier 2024 - 18ème jour
De EL ROYEB à CHINGUETTI

Pour cette ultime étape, nous prenons le temps de la préparation
de la caravane, d'autant que Dah et Mouhamed partent avec trois
dromadaires vers Ouadane où ils habitent. Il est 8h30, il fait très
frais et, pour la première fois depuis 18 jours, je me sens léger car,
compte tenu de la distance, nous prenons très peu d'eau. Con-
duits par Haïba et Mohamed Mahmoud, les quatre dromadaires
restants avancent au rythme de la marche sportive. J'ai l'impression qu'ils sentent la ligne d'arrivée, si bien qu'en 2h30, après
s'être précipités de dune en dune, nous apercevons déjà le lodge
de Mahmoud d'où nous attend Jacques J. Les Lodges Mahmoud
Ould Beija sont construits aux pieds des dunes, en bordure de
l'oued Ouarane. Équipé de logements modernes tout confort,
agrémenté d'une palmeraie et d'une piscine, cet ensemble d'habi-
tations érigées autour d'un patio offre la sensation d'être seul au
monde, au calme, nous invitant à découvrir les levers et couchers
de soleil au sommet des dunes qui s'étendent à perte de vue. J'ai
déjà le sentiment que notre voyage a basculé dans une autre dimension alors que nous sommes toujours en plein désert. Après
la traditionnelle cérémonie d'accueil avec du thé, nous avons droit
à une visite détaillée des lieux par Mahmoud lui-même, qui tenait
à nous montrer son hospitalité et saluer notre fin de parcours.
Quelques minutes plus tard, c'est à bord du Renault 4X4 de
Jacques J. que nous rejoignons l'auberge l'EDEN, à 3 km, située
au cœur de Chinguetti. Ce sera notre lieu d'hébergement jusqu'à
notre retour en France. Nous sommes, là encore, remarquable-
ment accueillis et installés dans nos chambres respectives.
J'évoque régulièrement la qualité d'accueil car je suis très sensible
à la relation et, notamment, au premier contact. Avec Mahmoud,
vous êtes assurés de recevoir le meilleur, gratifié d'un sourire qui
en dit long sur la joie d'accueillir des visiteurs issus de différentes
origines. Chaque chambre de son auberge est pourvue d'une salle
de bain, ce qui nous conduit inéluctablement au moment tant

attendu depuis 18 jours : j'ai nommé la douche. En quelques minutes, le bac est rempli de sable, il glisse sur la peau de tous les côtés. Cette douche froide est un grand moment de lâcher-prise sur tous les événements que nous avons vécus pendant ce séjour. Maintenant, tout le corps se détend, c'est deux jours et demi de repos à Chinguetti, cette ville emblématique de la Mauritanie surnommée « La Sorbonne du désert » car elle abrite plusieurs bibliothèques, dont l'une contient les plus anciens manuscrits de l'islam. Après ces quelques minutes de frénésie devant un robinet de douche, nous sommes un peu perdus au milieu de cette chambre qui nous offre un confort, sommaire certes, mais totalement à la hauteur de nos attentes du moment. Cet égarement de courte durée nous vaut de revenir sur un sujet qui ne nous a pas préoccupés pendant notre trek, mais qui nécessite un minimum d'attention lorsque l'on retourne vers une forme de civilisation, fût-elle retirée. Dix-huit jours sans connexion réseau, ça ne manque pas d'intérêt, particulièrement quand on souhaite vivre cette expérience d'être détaché de ce monde « matériel », d'être soustrait de l'engrenage des sollicitations du net ou encore de ce monde qui communique sans prendre le temps de la réflexion. C'est le moment choisi par Mahmoud pour me proposer un partage de connexion et là, les compteurs s'affolent, les applications du téléphone s'illuminent d'un petit indicateur rouge qui ne cesse de s'incrémenter à un rythme que je n'aurais jamais imaginé découvrir. Paradoxalement, je suis toujours mentalement déconnecté, complètement désintéressé de ce remue-ménage digital alors qu'il y a encore quelques semaines, je tenais scrupuleusement ces informations à jour. J'ai même une pensée pour nos trois chameliers dont le quotidien est non infecté par ce virus dévoreur de temps. Vers midi, nous sommes reçus pour le déjeuner par Mahmoud et Haïba qui, pour la circonstance, sont vêtus de la tenue traditionnelle des Mauritaniens, composée d'un draa, une longue tunique ample et flottante pourvue de manches qu'on replie et remonte sur les épaules, d'un sarouel, un pantalon bouffant, frais et aéré, complémentaire au draa, et enfin un chèche, sorte de turban long que l'on enroule sur la tête et une partie du visage pour se protéger du soleil et des vents de sable du désert. Le repas est très européen, certainement pour ne pas dépayser les touristes de passage pour quelques jours. Je suis particulièrement content d'être assis autour d'une table pour manger, servis dans des assiettes en buvant de l'eau fraîche en bouteille. Le repas est très européen, certainement pour ne pas dépayser les touristes de passage pour quelques jours. Je suis particulièrement content d'être assis autour d'une table pour manger, servis dans des assiettes en buvant de l'eau fraîche en bouteille. Ce moment de confort contraste fortement avec l'environnement dans lequel nous avons vécu tous nos bivouacs. Je me souviens alors d'une nuit où, après avoir monté notre tente à la hâte à cause du vent, les piquets de la khaïma semblaient se battre contre les éléments et chaque bruit extérieur me rappelait à quel point nous sommes attachés au confort d'un monde matériel qui sans cesse défie la nature. Ce repas autour de la table, avec des assiettes bien dressées, est bien plus qu'un simple moment de restauration ; c'est une célébration de la sécurité et du réconfort, un doux rappel que, même dans la précarité de l'aventure, il existe des instants de grâce qui nous unissent. Notre après-midi est consacrée à une première balade dans la vieille cité de Chinguetti. Cette ville est particulièrement connue pour ses maisons en pierre de couleur ocre et ses ruelles étroites qui conservent une atmosphère historique unique. Néanmoins un phénomène préoccupant menace la préservation de cette vieille cité mauritanienne posée dans l'oued, c'est l'ensablement. Chinguetti est confrontée à la progression constante des dunes de sable qui envahissent ses ruelles et ses bâtiments anciens. De nombreuses ruelles construites en pierre sèche sont maintenant inaccessibles. Vers 18h00, Mahmoud nous propose une sortie avec son Toyota 4X4 pour grimper sur les dunes et admirer le coucher de soleil. Le spectacle est fabuleux en dépit d'un léger voile nuageux qui envahit le ciel à ce moment-là. Les dunes, telles des vagues figées, s'étendent à perte de vue, leurs courbes douces et dorées apporte un sentiment de sérénité. Le ciel se teinte de nuances spectaculaires : des oranges flamboyants se mêlent à des roses délicats, tandis que les nuages prennent des teintes violettes, créant une toile de fond magique qui semble presque irréelle. Nous descendons des dunes avec l'âme apaisée, réchauffés par la magie de ce spectacle au cœur du désert.

Dès que nous sommes installés à bord de son 4X4, un sourire complice se dessine sur le visage de Mahmoud. Ce n'est pas un simple chauffeur ; c'est un véritable virtuose du désert, connu pour ses prouesses au volant. Alors que nous prenons de l'élan, il manœuvre habilement le véhicule pour se diriger vers les premières dunes. La puissance du 4X4 se fait sentir alors qu'il grimpe avec aisance, défiant la gravité. Nous sommes secoués par les mouvements, mais Mahmoud garde le contrôle, anticipant chaque bosse et chaque creux. Son expérience se lit dans ses gestes précis et dans l'assurance avec laquelle il aborde chaque obstacle. Son sens de l'orientation est impressionnant ; il connaît chaque dune, chaque plateau, et sait exactement où s'engager pour profiter au mieux des conditions du moment. Nous partageons tous ensemble un moment de gratitude pour cette expérience unique. Mahmoud, attaché avec amour à son désert, a su nous faire vivre l'essence même de cette terre sauvage. Il nous rappelle que, bien au-delà des prouesses techniques, c'est l'esprit d'aventure et de partage qui fait de chaque sortie un moment inoubliable. Vers 20h00, le repas est servi dans cette grande salle de restaurant qui accueille plusieurs groupes de touristes venus visiter le plateau de l'Adrar et ses environs durant une semaine. Au menu, soupe, tagine de poulet et fruits. Nous avons tous hâte de retrouver nos chambres pour passer cette première nuit dans un vrai lit. Le sommier est en bambou, le matelas de bonne qualité, les draps fraîchement lavés. La chambre est joliment décorée, la salle de bain fonctionnelle, équipée de sanitaires, douches et lavabo d'époque. Au-delà de la décoration, ce qui nous importe dans le moment présent, c'est de s'abandonner à la douceur d'un sommeil dans un lit, ce luxe inestimable que n'ont pas les chameliers, ces âmes vagabondes que j'imagine allongées sur le sable, isolés du sable par leur bâche en plastique et recouverts de leur couverture de laine pour échapper aux inconstantes températures de la nuit. C'est dans cette prise de conscience de nos modèles de vie occidentaux que je trouve le sommeil pour une nuit profonde et revigorante, où chaque minute me rapproche un peu plus d'un réveil joyeux et empreint de fierté. Le souvenir des chameliers se mêle à mes rêves, leur résistance et leur sagesse, échos d'une vie simple, résonnent en moi, me rappelant que le bonheur peut se nicher dans les recoins les plus inattendus.

Le 1er février 2024 - 19e jour
Journée à CHINGUETTI

Il est 7h30 lorsque nous nous réveillons, la nuit a été calme et particulièrement reposante. Après un copieux petit-déjeuner, nous rejoignons Jacques J. pour son départ de Mauritanie. Sa route va être longue dans son Renault 4X4, il prend la direction d'Atar, puis Nouakchott pour rejoindre la côte atlantique qu'il ne quittera plus pendant toute la traversée du Maroc. J'ai extrêmement apprécié les moments passés avec Jacques, non seulement pour sa connaissance de la Mauritanie, mais aussi pour la manière investie et joyeuse dont il raconte son aventure dans cette partie de l'Afrique. Sa présence inespérée a été enrichissante pour moi et nous a apporté, à tous, cette touche d'altruisme indispensable dans les périodes un peu tendues que procure la marche intensive dans le désert. Jacques parti, nous nous dirigeons vers la vieille ville de Chinguetti, qui est séparée de la nouvelle par l'oued aujourd'hui asséché. Notre première halte est pour une boulangerie qui nous attire par l'odeur du pain chaud, nous sommes surpris de la qualité de fabrication et surtout du goût qui nous rappelle instantanément celui de la baguette française non industrielle. Un peu plus loin, nous arrivons à la bibliothèque Alahmed Mahmoud, qui est tenue par Seif, une figure locale qui s'investit tel un acteur de théâtre pour nous présenter le lieu et son contenu. Chinguetti est considérée comme la 7e ville de l'Islam. C'est son ancienneté, et la richesse de ces livres religieux que renferment ses bibliothèques, qui lui confèrent ce titre. Combien de temps pourra-t-elle encore garder ce titre, sachant que de nombreux manuscrits qu'elle abrite sont aujourd'hui transférés à Nouakchott ? Le retour vers l'auberge L'Eden se fait par les petites ruelles ensablées de la vieille ville en passant par le restaurant Maure Bleu où Jacques voulait prendre le thé comme en 2015. Malheureusement l'établissement est fermé. Nous traversons l'oued pour revenir dans la nouvelle ville de Chinguetti où les boutiques ressemblent à des petits garages mal éclairés et où les rues très larges sont recouvertes d'un sable presque rouge. Ici, c'est le paradis des Mercedes, quel que soit leur état, et des Toyota 4X4 mieux entretenus, car ils transportent nomades et marchandises à travers le désert de dunes. En déambulant dans ces artères, on s'immerge dans une ambiance vibrante et authentique. Les boutiques, souvent décorées de tissus colorés et d'objets artisanaux, sont un véritable kaléidoscope de culture. Chaque étal est une invitation à découvrir un morceau de l'héritage mauritanien. Le son des moteurs vrombissants de ces vieux modèles de Mercedes, dont certaines semblent avoir vécu mille vies, sont pour moi le symbole d'histoires de voyages certes, mais aussi d'une économie basée sur la récupération. Chacun a sa propre histoire à raconter, et dans chaque moteur grippé se cache une mémoire du désert.

Notre après-midi est consacré au repos, ce qui nous laisse du temps pour vagabonder dans la nouvelle ville de Chinguetti à la recherche d'une symbolique petite théière en métal que les nomades utilisent tous les jours dans le désert.

Au fur et à mesure que le soleil se couche, les couleurs du ciel se mélangent à celles du sable. La ville s'anime créant une atmosphère vivante et chaleureuse. Ce contraste entre l'ancienne et la nouvelle ville, entre le désert et la cité que l'on pourrait qualifier de plus moderne au regard du collège qu'elle abrite, marque la diversité de Chinguetti.

Le 2 février 2024 - 20ème jour
Journée à CHINGUETTI

Ce matin, l'Eden s'est vidée de ses autres touristes qui partaient en direction du port de Nouadhibou, situé au nord-ouest de la Mauritanie, en utilisant le train de minerai de fer qui circule sur l'unique voie ferrée de Mauritanie venant de Zouérate, à plus de 700 km au nord. Ce voyage constitue une manière unique et authentique d'explorer le désert mauritanien. Le train, pouvant atteindre 2,5km de long et jusqu'à 200 wagons, traverse des paysages arides, offrant le spectacle saisissant de la beauté brute de cette terre rude et intransigeante. Les wagons, chargés de minerai brillant sous le soleil, sont à la fois un symbole de la richesse naturelle du pays et un moyen de transport à travers ce vaste territoire de sable et de roche. Après la visite guidée par Mahmoud de la très ancienne bibliothèque Habott de Chinguetti qu'il a eue l'honneur de gérer pendant 13 ans, il nous conduit dans ses plantations de palmiers, dattiers et autres arbres fruitiers, un véritable petit paradis. Ces espaces verts implantés sur un côté de l'oued sont hors du commun : manguiers, citronniers, mandariniers, arbres à fleurs d'hibiscus et bien sûr les traditionnels dattiers forment une oasis de fraîcheur dans cette atmosphère étouffante d'enchaînement de dunes. L'eau provenant de puits creusés par les ancêtres est astucieusement répartie à travers des bassins, où elle s'infiltre lentement dans le sol pour irriguer les cultures. Les techniques d'irrigation ancestrales, combinées à l'ingéniosité contemporaine, permettent à Mahmoud et à sa communauté de maintenir cette oasis vivante. Une fierté palpable envahit Mahmoud lorsque nous avons la chance de découvrir cet endroit habituellement fermé aux touristes. Pour l'occasion, un tapis traditionnel est déployé au cœur de cette verdure luxuriant pour que nous puissions déguster le thé dans cet environnement enchanteur, avec des nuances d'ambre et des arômes envoûtants qui éveillent les sens. S'ensuit une discussion (autour de la récolte des dattes, des différents fruits produits ici, du travail fourni pour

créer une zone de végétation dans ce milieu indisposé à la culture)
durant laquelle Mahmoud, arborant son sourire habituel, nous fé-
licite pour notre engagement dans cette aventure. Comment ne
pas être séduit par tant de gentillesse, d'humilité et surtout d'engouement à créer ces théatres de verdure dans cet environnement
rude et démuni qu'est le désert. En soirée, nous nous aventurons
dans les dunes, qui nous dévoilent, sur quelques mètres carrés,

une extraordinaire palette de couleurs de sable allant du blanc
éclatant au rouge profond, en passant par diverses nuances de
gris. C'est un véritable spectacle de la nature, où chaque grain a
son histoire à raconter. Profitant de ce décor fascinant, Mahmoud
décide de nous démontrer ses talents exceptionnels de pilote en
4x4. Avec agilité, il maîtrise le franchissement des dunes, navigue
dans les oueds et emprunte les pistes sinueuses. Chaque virage,
chaque montée et descente nous procure une montée d'adréna-
line, et nous nous laissons emporter par l'excitation de cette aventure. De retour à l'Eden, la soirée est paisible et studieuse. Nous
nous affairons à préparer notre retour en France, conscients que
l'aventure touche à sa fin. Nous avons prévu un lever de rideau à
6h00 pour rejoindre Atar par la piste, et chacun de nous se con-
centre sur ses affaires. Dans l'air flottent des parfums de thé à la
menthe et de sable chaud, rappelant les moments précieux que
nous avons partagés ici. Nous prenons le temps de discuter des

souvenirs que nous ramènerons avec nous, des paysages à couper le souffle aux rencontres chaleureuses. En regardant les dunes se dessiner sous le ciel étoilé, je réalise à quel point cette expérience a enrichi notre voyage, nous offrant bien plus que de simples images : des histoires et des liens qui resteront gravés dans nos cœurs. Le plaisir d'avoir partagé de tels moments ensemble rend notre retour encore plus doux.

Le 3 février 2024 - 21e jour
De CHINGUETTI à ATAR à PARIS

Il est 6h00, j'ai l'impression que le réveil sonne aussi pour marquer la fin d'une aventure, c'est généralement un moment que je redoute, celui qui provoque cette coupure brutale entre le plaisir de vivre avec une boussole et la nécessité de revenir cadencer sa vie au rythme d'une horloge. C'est certainement le luxe des nomades, être délivrés du temps, pour ne vivre qu'avec l'horizon dessiné par le soleil.

Nous chargeons nos bagages dans le 4x4 de Mahmoud et prenons la piste qui nous conduit à Atar. Le trajet dure environ 2h00, et comme pour l'aller, il faut être bien attaché pour encaisser les imperfections et détériorations de la piste, chaque secousse nous rappelant que l'aventure est souvent pavée de désagréments. Les paysages défilent à travers les fenêtres, des dunes dorées et des plateaux rocheux se mêlant dans un tableau vivant, offrant un contraste saisissant avec le bleu profond du ciel qui s'étend à perte de vue. Je suis partagé entre l'envie de faire rester dans le calme du désert et retrouver l'agitation de nos vies d'occidentaux. La transition est rapide car à Atar, c'est jour de marché et, comme tous les samedis du premier trimestre de l'année, c'est aussi l'arrivée et le départ d'un vol vers Paris. La ville est bouillonnante, elle m'embarque dans le tumulte de son agitation. Après avoir salué Mahmoud et accompli les formalités de douane, il est 11h30 et nous embarquons sur un vol de la compagnie ASL Airlines en direction de Roissy Charles-de-Gaulle que nous atteindrons vers 18h00. Alors que l'avion décolle, le paysage du Sahara s'éloigne, se transformant en un tableau miniature. Je regarde par le hublot, admiratif par la beauté de cette Mauritanie qui s'étend en dessous de nous.

Ce voyage est exceptionnel à bien des égards. Tout d'abord, le circuit élaboré par Jacques est d'une originalité sans pareille. Sa préparation minutieuse et réfléchie place cette aventure très loin devant les classiques voyages organisés. En effet, nous avons eu l'opportunité de faire le tour de l'œil de l'Afrique et du plateau de l'Adrar en 18 jours, une expérience inoubliable. De plus, réaliser cette expédition en totale autonomie avec une caravane composée de sept dromadaires, de trois chameliers et d'un cuisinier/guide requiert un engagement permanent de chacun d'entre nous. Cela confère à notre aventure un charme incomparable, surtout dans un contexte où la tendance est plutôt à l'utilisation du 4x4. C'est une immersion totale dans la nature et les traditions locales, loin du confort moderne. La contribution essentielle de Mahmoud, notre organisateur local, a également été déterminante pour la réussite de cette expédition. Son expertise nous a permis de préparer et d'organiser la caravane avec soin, et sa présence au bivouac à la fin de ce trek a été un réconfort précieux. Il s'est investi deux jours et demi pour nous accompagner à Chinguetti, nous faire découvrir ses plantations et organiser un road-trip mémorable dans les dunes au coucher du soleil. Ces moments privilégiés sont un luxe que peu de personnes peuvent se targuer de vivre. Tous ces éléments s'additionnent pour conférer à cette expédition un caractère à la fois invraisemblable et singulier. Il ne faut pas oublier notre groupe, la joyeuse bande des Chibanis, qui a partagé ce périple dans une ambiance harmonieuse, respectant les besoins de chacun. Pour mon premier long contact avec le désert, je ne pouvais imaginer une expédition aussi engageante, notamment pour une femme (bien qu'Odette PUIGAUDEAU, cette bretonne née en 1894, ait passé une partie de sa vie à sillonner le désert mauritanien), aussi extraordinaire que cette vie en communauté formée de personnes culturellement différentes, aussi originale et inattendue par ces espaces dunaires resplendissants et lumineux. Une des expériences les plus précieuses que j'espérais vivre au cours de cette odyssée en terrain aride était de partager ces moments avec Maryse. Je suis ravi de constater à quel point notre complicité s'est renforcée durant ce voyage. Son courage et son enthousiasme ont véritablement illuminé cette aventure. Je suis profondément ému et privilégié d'avoir participé à cette exploration en Mauritanie, qui s'est révélée à la fois surprenante et authentique, offrant le meilleur d'elle-même ; des paysages enchanteurs et des rencontres avec des habitants nomades d'une incroyable chaleur humaine. Ce voyage restera gravé dans ma mémoire comme une expérience unique et inoubliable. Je repars remplis de souvenirs, témoins d'une culture vibrante, d'un peuple accueillant et d'un paysage qui, malgré sa rudesse, dégage une beauté indéniable.

LES CHIBANIS

94

Claude Rossi est un homme qui incarne pleinement la fusion entre le développement personnel et la randonnée d'aventures. Son parcours, nourri par ces deux passions, témoigne d'une quête profonde de sens et de mieux-être. En combinant son expérience de la randonnée, et en particulier celle du mythique Chemin de Compostelle, avec une réflexion sur le fonctionnement humain, il explore comment ces activités peuvent nourrir l'esprit tout en améliorant le corps. Son livre Le Trek des Chibanis s'inscrit parfaitement dans cette démarche. À travers ce récit, il invite le lecteur à se laisser porter par la réflexion et l'introspection durant une expédition, tout en explorant les paysages fascinants des plateaux de l'Adrar. Le voyage, tant extérieur qu'intérieur, devient une métaphore du cheminement personnel vers un mieux-être durable.

Dans ses aventures et ses écrits, Claude Rossi nous rappelle que la nature, en tant que cadre de transformation, offre un espace propice à la reconnexion avec soi-même et à l'ouverture de nouvelles perspectives. Un message inspirant pour quiconque cherche à concilier l'exploration intérieure et extérieure dans une démarche de développement personnel.